PRACTICAL MATHEMATICS

실용수학

천은주 지음

경문사

저자와의
합의하에
인지를
생략합니다

실용수학

지은이 천은주
펴낸이 조경희
펴낸곳 경문사
펴낸날 2026년 2월 27일 1판 4쇄
등 록 1979년 11월 9일 제1979-000023호
주 소 04057, 서울특별시 마포구 와우산로 174
전 화 (02)332-2004 팩스 (02)336-5193
이메일 kyungmoon@kyungmoon.com

값 13,000원

ISBN 979-11-6073-587-1

머리말

이공계열의 대학생들은 대부분 필수과목으로 미분적분학을 공부한다. 미분적분학은 고등학교에서 미분과 적분을 공부하지 않은 학생들이 수강하기에는 많은 어려움이 있고, 그만큼 고급 수학으로 많은 선행학습을 필요로 한다. 그러나 수학에 관심을 가지고 수학적인 기초지식이 많지 않은 인문 · 사회 · 예체능 등을 전공하는 학생들도 듣기에 재미있고 편하게 다가갈 수 있는 순수교양 교과로서 수학 과목의 필요성은 계속 있어 왔다. 또 2000년대 중반부터 수학의 대중화라는 입장에서 대학에서 미분적분학 외에 교양과목으로서 수학 과목이 개설되기 시작했고, 본인이 속한 대학교에서도 처음으로 균형 교양과목으로 실용수학이라는 과목이 개설되었다. 미분적분학이 아닌 교양교과목으로 전 계열 학생들이 수강할 수 있도록 한 실용수학이라는 교과를 처음으로 담당하게 되었을 때 교과목의 개설 취지에 맞는 적합한 내용을 찾아 구성하는 것에 많은 고민을 했던 기억이 있다. 그 이후로 여러 해 교재가 없이 강의노트로 수업을 진행해 오면서 수강하는 학생들도 공부하기에 어려움을 토로하고 교재가 없는 수업내용을 학생들에게 안내하는 것도 쉽지 않았던 점을 생각하며 그동안 강의해온 강의노트를 바탕으로 내용을 다듬고 정리하여 교재로 만들게 되었다.

이 책은 일상생활 속에 들어있는 수학과 관련된 내용을 찾고 이야기한다. 심도 있는 수학적 내용보다는 기초적인 수학적 상식을 바탕으로 일상생활에서 찾을 수 있는 가볍고 이해하기 쉬운 내용과 실생활에서 알아두면 유용한 내용, 그리고 수학이라는 학문의 이해를 위해 학생들에게 알려주고 싶은 새로운 수학의 분야에 관한 이야기로 구성하였다. 그리하여 우리가 알고 있는 수학적 내용이 실생활에 얼마나 유용하게 사용되고 있는지 아는 것이 목표이다. 이 책은 총 10장으로 구성되어 있다.

제1장 금융생활과 수학으로 대학생들이 알면 유익한 금융에 대한 정보를 담고 있다. 금융상품, 연금, 신용관리 등의 중요성을 알리고 사회생활을 준비하기에 필요한 내용으로 구성하였다.

제2장 체크비트에서는 개인이나 물건의 정보를 담는 주민등록번호, 신용카드, 바코드, 그리고 ISBN 속에 들어있는 체크비트에 대해 알아보고 그 속에 숨은 합동식의 의미를 알아본다.

제3장 자연이나 생활 속에서 나타나는 수들을 찾아 나열하면 피보나치수열이 됨을 알고 그 규칙을 이해한다. 또 피보나치수열의 이웃한 항의 비의 극한이 황금비가 되고 황금비를 적용한 다양한 예들을 살펴보며, 이와 관련이 있는 것들에 대해 알아본다.

제 4 장 우주 시대에 들어 그 중요성이 확대된 부호론에 대해 알아본다. 에러수정부호의 개념을 들여다보고 부호론의 개념과 응용에 대해 살펴본다.

제 5 장 암호이야기는 최초의 암호부터 현대암호까지의 암호의 변천 과정과 세대별 암호를 예를 통해 이해한다. 특히 현대암호에서 널리 사용되고 있는 RSA 암호에 대해 알아보고 소인수분해의 어려움에 기반한 RSA 암호와 관련된 재미있는 문제를 소개한다.

제 6 장 생활 속의 확률에서는 우리 실생활에서 계산 가능한 확률에 대해 알아본다. 특히 드메레 문제부터 로또의 확률, 몬티홀 문제에서의 확률 등에 대해 알아본다.

제 7 장 생활 속의 그래프에서는 점과 선분만으로 이루어진 그래프에 대해 이해하고 실생활의 문제를 그래프 이론을 이용하여 풀어본다. 오일러 경로와 회로, 해밀턴 회로 그리고 4색 문제를 그래프 문제로 풀어본다.

제 8 장 달력 속에 숨은 규칙을 알고 실생활 문제에 적용시켜 본다. 특히 특별한 날, 예를 들어 본인이 100세가 되는 생일, 첫 만남부터 1,000일째 되는 날의 요일 등을 계산하는 방법에 대해 알아본다.

제 9 장 컴퓨터의 발전과 함께 등장한 프랙탈을 소개한다. 자기닮음이라는 성질을 가지는 수학적인 도형들을 직접 만들어 보고 이와 관련된 문제들을 풀어본다. 또 새로운 프랙탈 차원에 대해 알아보고 실생활 속에 프랙탈 구조를 가지는 대상들에 대해 알아본다.

제10장 수학의 발전에 공헌한 수학자들 중 우리가 앞에서 공부한 내용과 관련 있는 몇몇의 수학자들을 간단히 소개한다.

이 책은 한 학기 강의용으로 15주 수업에 중간고사와 기말고사를 제외한 13주간 매일 90분에서 100분(2시간)의 수업에 적합한 내용이다. 특히 제1장, 제5장, 제9장은 4시간의 수업으로 강의하고 제5장 암호이야기는 제2차 세계대전 중 암호와 관련된 영화를 수업에 추가하여 활용하면 학생들의 이해도를 높이고 수업의 흥미를 끌어내는 데 적합하다. 10장의 수학자들은 강의 중간에 소개하면 좋다. 또 교재의 내용에 잘못된 부분이나 의견, 오타 등에 대해 알려주시면 기꺼이 수정하여 더 좋은 책이 되도록 하겠다.

부족함이 많았지만, 이 책의 출판을 위해 애써주신 경문사 여러분께 감사드린다. 마지막으로 강의노트를 강의교재로 출판하는 데 주저하는 나에게 힘을 실어준 사랑하는 남편과 엄마의 책에 도움을 주고자 열심히 노력한 예쁜 딸 수연이에게 고마운 마음을 전한다.

2023년 1월

천 은 주

차 례

제 4 장 부호 이야기

제 5 장 암호 이야기

제 6 장 생활 속의 확률

제 7 장 생활 속의 그래프

제 8 장 달력 속의 수학

제 9 장 프랙탈

제 10 장 수학자들

부록

PRACTICAL MATHEMATICS

제1장

금융생활과 수학

이 장에서는 똑똑한 금융생활을 하기 위한 기본적인 내용을 공부한다. 우리는 어릴 때부터 용돈을 받아 필요한 데 쓰고 남은 돈은 저축하고 관리를 해 왔다. 이러한 과정도 금융생활의 일부이다. 이 장에서 공부할 내용은 금융감독원에서 제공하는 "즐거운 금융교실"이라는 금융교육 교재를 참고하였다.

현대사회는 고도화된 지식과 정보가 부를 창출하는 지식정보사회이다. 지식정보사회에서 금융(Finance, credit)은 가장 중요한 지식정보 중 하나이다. 누구나 금융지식을 습득하여 올바른 금융생활과 합리적인 소비를 하는 것이 필요하다.

● 금융감독원

금융감독원은 금융기관(은행, 보험, 증권, 신용관리)에 대한 검사·감독 등의 업무수행을 통하여 건전한 신용질서와 공정한 금융거래관행을 확립하고 예금자 및 투자자 등 금융수요자를 보호함으로써 국민경제의 발전에 기여함을 목적으로 설립된 특수법인이다.

1. 금융

금융이란 돈을 빌려주고, 빌리는 것을 말한다. 세상에는 여윳돈이 있는 사람과 돈이 필요한 사람이 있는데 이들이 서로 돈을 빌려주고, 빌리면 서로에게 이익이 된다. 그러면 어디서 어떤 방법으로 돈을 빌려주고, 빌릴 수 있을까?

● 금융시장

돈을 목적으로 사람과 사람이 만나 안전하게 거래할 수 있도록 다양한 방법과 장소를 정하고 있는데 그곳이 금융시장이다. 금융시장은 여윳돈을 제공하는 자금공급자와 필요한 돈을 구하고자 하는 자금수요자가 각자가 원하는 것을 효율적이고 체계적으로 얻을 수 있게 하는 자금의 중개기능과 금융자산을 자유롭게 사고팔 수 있고 금융상품과 금융거래의 기회를 주는 자산 현금화 기능을 가지고 있다.

금융시장에서는 금융기관이 중간에서 거래를 도와주는 역할을 한다. 금융기관의 책임하에 위험요소와 관계없이 예금자가 거래하는 간접금융시장과 금융거래에서 발생할 수 있는 위험을 예금자가 직접 부담하는 직접금융시장이 있으며 간접금융시장으로 은행과 보험회사가 있고, 직접금융시장으로 증권과 채권이 있다.

2. 금융기관

금융은 돈을 거래하는 일이므로 신뢰가 필요하다. 금융기관(은행, 증권, 보험회사 등)이 중간에서 자금의 수요자와 공급자가 직접 또는 간접적으로 만나 거래할 수 있게 도와주는 역할을 한다. 금융에는 제도권 금융과 사금융이 있다.

(1) 제도권 금융기관

은행, 증권회사, 보험회사, 신용카드회사, 할부금융회사, 상호저축은행, 신용협동조합 등이 있고, 제도권 금융기관도 3개의 등급으로 나누어져 있다.

제1금융은 **은행으로 예를 들면, 국민은행, 우리은행, 농협(중앙회)은행, 신한은행, 기업은행, 하나은행, 지방은행 등이 있고, 제2금융은 제1금융이 아닌 제도권 금융으로 예를 들면, 신협, 새마을금고, 우체국, 지역농협, 수협, 산림조합, 상호저축은행, 보험회사, 증권회사, 저축은행 등이 있다. 또 제3금융으로 파이낸스사, 신규금융사 등이 있다.

(2) 사금융

사금융은 제도화 되어 있지 않고 정부의 규제를 거의 받지 않는다. 정부의 규제를 거의 받지 않으면서 금융업을 하는 개인이나 기관을 사금융 또는 사채시장이라고 한다.

사금융(사채, 대부업)은 제도권에 들어있지 않아 정부의 어떤 통제도 받지 않으므로 이를 이용하는 사람들의 피해가 속출하고 있다. 실제로 불법 사금융을 이용하는 사람들은 주로 신용불량자, 대학생(학생), 주부 등 제도권 금융(은행 등)의 이용에 어려움을 겪는 사람들이다. 다음의 사례들을 토대로 사금융(사채)의 위험성과 심각성에 대해 알아보자.

사례 1 서울에 사는 40대 주부 A씨는 급하게 자금이 필요해 생활정보지에 소개된 대출광고를 보고 대부업체를 통해 100만 원의 대출을 신청했다. 대출계약서상 대출금으로 150만 원을 기재한 해당 대부업체는 수수료 명목으로 60만 원을 떼어간 후 A씨에게는 90만 원만 빌려줬다. 그 후 A씨는 일주일에 60만 원씩 이자를 내라는 협박으로 인해 29일간 총 240만 원의 이자를 납부했으나 대부업체는 원금 150만 원이 아직 상환되지 않았다며 A씨를 지속적으로 협박하고 있다.

사례 2 대학생 B씨는 친구들과의 모임 비용, 생활비 등이 급해, 전단지를 보고 알게 된 사채업자에게 연락했다. 신용등급에 개의치 않고 다른 서류 없이 학생증만 맡기면 돈을 빌려준다는 조건 역시 끌렸다. B씨는 사채업자로부터 10만 원을 빌리면서 2주 이내에 11만 원을 갚기로 했다. 소액이라 쉽게 갚을 수 있을 거라 생각했지만 아르바이트를 구하지 못하면서 제때 돈을 갚지 못했다. 2주에 10%의 복리가 적용되면서 채무는 점점 커져 B씨를 압박했다. 이자가 이자를 낳으면서 사채업자의 독촉이 시작됐다.

사례 3 대학교에 재학 중인 D씨(여)도 지난달 학교에서 알게 된 소액대출을 이용했다가 낭패를 볼 뻔했다. D씨는 돈을 빌리자마자 사채업자에게 원금 20만 원 중 4만 원을 선이자로 내놓아야 했다. 한 달 이자율은 20%, 따져보니 갚아야 할 액수가 너무 많은 것에 놀라 친구에게 부랴부랴 돈을 빌려 대출을 갚았다.

위 사례들처럼, 선이자와 법정 최고이자율(연 20%)을 초과하는 이율을 적용하여 돈을 빌려준 건 명백한 불법사채에 해당된다. 그렇지만 불법 사금융의 피해자는 법의 보호를 받기 어려우므로 주의가 필요하다.

3. 금리(이자율)

이자는 자금을 빌려주거나 빌리는 대가로 받거나 지불하는 돈이다. 금리(이자율)란 원금에 지급되는 기간당 이자를 비율로 표현한 것이다. 즉, 원금에 대한 이자의 비율이다. 금리는 기간에 따라 달라지는데 보통 1년(365일)을 기준으로 하고, 이때 연이(자)율이라 하며 주로 %로 나타낸다. 즉, 연이율이란 1년 동안 지불해야 할 이자의 원금에 대한 비율을 말하며, 다음과 같다.

$$\text{연이율} = \frac{\text{이자}}{\text{원금}} \times 100(\%)$$

원리합계란 원금과 이자를 모두 합한 금액을 말한다.

예제 1

(1) 200만 원에 대해 1년 동안의 이자로 10만 원을 받는다면 연이율은 $\frac{10}{200} \times 100 = 5\%$이다.

(2) 연이율 5%일 때, 월 이자율(월이율)은 $\frac{5\%}{12} = 0.417\%$이다.

예제 2 사례 1에서 연이율과 월이율을 계산하여라.

풀이 실제로 빌린 돈은 90만 원이고 일주일의 이자(수수료로 표현됨)가 60만 원이므로 일주일의 이자율은 $\frac{60}{90} \times 100 = 66.667\%$이다. 따라서 1일(하루)이자, 일이자율은 9.52%이며, 연이율은 9.52% ×365일=3,474.8%이고, 월이율은 이를 12로 나눈 289.6%이다.

문제 1 앞의 사례 2와 사례 3에서 연이율을 구하여라.

(1) 사례 2: 빌린 돈은 10만 원, 2주 후 갚을 돈은 11만 원, 2주마다 10% 이자일 때 연이율은?

(2) 사례 3: 빌린 돈은 20만 원이고, 한 달 이자가 4만 원일 때 연이율은?

우리나라에서는 민법의 특별법으로 이자의 최고한도를 규정하는 이자제한법이 시행되고 있으며, 2021년 7월 이후 법정 최고이자율은 20%로 규정하고 있다. 즉, 계약상의 이자로서 연 20%만 인정하고 최고이자율 20%를 초과하는 부분은 무효가 된다. 또한 이자에 대해 다시 이자를 지급하기로 하는 복리식 이자 약정의 경우도 이자와 복리를 합한 것 중 연 20%를 초과하는 부분에 대해서는 무효이다. 다만 원금이 10만 원 미만인 경우의 이자에 관하여는 이러한 최고이자율을 적용하지 아니한다. 또한 금전계약에서 채권자가 미등록

대부업자이거나 보통의 개인인 경우에도 이자의 약정을 했더라도 그 이율은 연 20%를 초과할 수 없으며, 초과 부분은 무효가 된다.

예제 3 지인에게 100만 원을 빌리려 하는데, 지인이 30%의 이율로 이자를 약정하자고 해서 급한 마음에 그렇게 계약서를 쓰고 1년 뒤에 130만 원을 갚기로 하였다. 이 계약에서 갚아야 할 법정 이자는 얼마인가?

풀이 지인에게 빌린 원금 100만 원에 대한 계약서상의 이자는 30%로 30만 원이고 법에서 정한 최고이율은 20%이므로 100만 원에 대한 이자는 20만 원이다. 이 경우 1년 뒤 갚아야 할 이자는 20만 원이다. 실제로 개인 간에 약정한 이율이 30%라 하더라도 법이 정한 최고이율인 20%만 이자로 지급하고 초과한 10% 부분 만큼은 무효가 되므로 갚지 않아도 된다. 여기서 주의할 것은 금전계약에서 이자의 약정 자체가 무효는 아니고 약정이율은 20%까지만 유효하다는 것이다. 그러므로 1년 뒤에 갚아야 할 돈은 원금 100만 원과 이자 20만 원을 합한 120만 원이다.

문제 2 대부업체에서 1,000만 원을 빌리고 연이율 35%의 이자를 약정하고 차용증을 작성하였다. (1) 1년 후 약정상의 이자와 (2) 1년 후 법정 이자를 각각 구하여라.

4. 이자율과 이자계산법

연이자율의 계산 방식에는 단리법과 복리법이 있다.

(1) 단리법

원금에 대해 지불하기로 한 첫해의 이자를 그대로 계속 지급하는 계산 방식이다. 즉, 단리법 이자는 (원금)×(연이자율)×(돈을 맡긴 기간의 년수)로 계산되고, 원금과 이자의 합인 원리합계는 다음과 같다.

단리법의 원리합계 = 원금 + 단리법이자 = 원금(1+연이자율×기간(년수))

예제 4 100만 원에 연이율 10%일 때 단리법으로 1년, 2년, 3년 후의 원리합계(원금과 이자의 합)를 구하여라.

풀이 1년 후의 100만 원에 대한 10% 연이자는 10만 원이다. 1년 후의 원리합계는 110만 원이다. 2년 후의 이자는 20만 원이고 2년 후의 원리합계는 100+10+10=120만 원이다. 또 3년 후의 이자는 30만 원이며, 3년 후의 원리합계는 100+10+10+10=130만 원이 된다.

(2) 복리법

복리법에 의한 이자계산은 첫해에는 단리법과 같고, 그 다음 해에는 첫해에 받은 원금과 이자를 다음 해의 원금으로 생각하여 이자를 계산하는 방식이다. 즉, 이자와 원금의 합이 다시 원금으로 하고 다음 해의 이자를 계산하는 방법으로 금융거래에서 자주 이용되고 있다. 1년마다의 복리가 보편적이나 1개월마다의 복리 등도 있을 수 있다.

$$\text{복리법의 원리합계} = \text{원금} \times (1 + \text{연이자율})^{\text{기간(년)}}$$

예제 5 연이율 10%로 원금 100만 원에 대해 복리법으로 1년, 2년, 3년 후의 원리합계를 구하라.

풀이 100만 원에 대한 연이율 10%인 경우 1년 이자로 10만 원이지만, 2년차의 이자계산에서는 1년차의 원금과 이자의 합인 110만 원에 대한 10%가 이자가 되어 10만 원이 아닌 11만 원이 이자가 된다. 마찬가지로 3년차의 이자는 2년차의 원리합계인 121만 원을 원금으로 하여 10%의 이자를 생각하므로 121,000원이 이자가 된다. 따라서 연차별 원리합계는 1년 후의 원리합계가 100+10=110만 원, 2년 후의 원리합계가 110+11=121만 원, 3년 후의 원리합계가 121+12.1=133.1만 원이 됨을 알 수 있다.

문제 3 사례 2에서 10만 원을 빌리고 2주 후에 11만 원을 갚는다고 했다. 즉 2주마다 10%의 이자가 붙는 복리일 때 1년 후 갚아야 할 원리합계는? 여기서 $1.1^{26} \simeq 12$라 하자.

5. 72의 법칙

72의 법칙은 복리법으로 계산할 때, 원금이 두 배가 되는 기간이 대략 얼마나 걸릴지 알려주는 법칙이다. 즉, 연이율 $r\%$로 복리법으로 계산할 때, 원리합계가 원금의 두 배가 되는 기간이 n년이라면 $n = \frac{72}{r}$(근사치)가 성립한다.

문제 4 다음 물음에 답하여라.

(1) 대출금리가 18%일 때 빚진 돈이 두 배가 되는 기간은?

(2) 연이율 8%로 원금의 두 배가 될 때까지 저축하려면 몇 년 걸리나?

(3) 5년 동안 두 배의 돈을 만드는 것이 목표일 때 수익률은 얼마나 되어야 하나?

6. 저축성 예금에서의 원리합계

저축성 예금에는 정기적금과 정기예금이 있다. 정기적금은 일정 기간 매월 일정한 금액을 입금하고 만기일에 불어난 원금과 이자를 받는 예금이다. 정기예금은 여유자금을 일정 기간 은행에 맡기는 예금으로 이자가 정기적금보다 낮다. 저축성 예금은 만기일 이전에 해지하면 훨씬 낮은 이자율이 지급된다. 또 저축성 예금은 은행이 파산하더라도 5천만 원 이내의 원금과 이자는 보상받을 수 있는 안전한 금융상품이다.

● 정기적금에서의 원리합계

정기적금에서 원리합계는 등비수열로 나타내면 계산이 쉽다.

첫 항이 a이고 공비가 x인 등비수열은 a, ax, ax^2, ax^3, $\cdots$로 표현된다.

첫 항부터 n번째 항까지의 등비수열의 합은

$$a+ax+ax^2+\cdots+ax^{n-1}=\frac{a(1-x^n)}{1-x}=\frac{a(x^n-1)}{x-1}$$

이다.

정기적금은 매월 일정한 금액을 저축하는 예금으로 매월 a원을 월이율 r, 복리로 1년간 적금한다고 하자. 그러면 매월 적립한 금액은 다음 표와 같다.

1월	2월	3월		11월	12월	만기일
a	$a(1+r)$	$a(1+r)^2$	$\rightarrow$	$a(1+r)^{10}$	$a(1+r)^{11}$	$a(1+r)^{12}$ $\leftarrow$ 1월에 입금한 돈과 이자
	a	$a(1+r)$	$\rightarrow$	$a(1+r)^9$	$a(1+r)^{10}$	$a(1+r)^{11}$ $\leftarrow$ 2월에 입금한 돈과 이자
		a	$\rightarrow$	$\vdots$	$\vdots$	$\vdots$
				a	$a(1+r)$	$a(1+r)^2$ $\leftarrow$ 11월에 입금한 돈과 이자
					a	$a(1+r)$ $\leftarrow$ 12월에 입금한 돈과 이자

따라서 만기일에 적립된 금액은 매월 입금한 a원들이 12개월 동안 적립된 이자와 원금들의 합이 되므로 $a(1+r)+a(1+r)^2+\cdots+a(1+r)^{12}$이다. 이것은 첫 항이 $a(1+r)$이고 공비가 $(1+r)$인 등비수열의 12개의 항의 합이 됨을 알 수 있다. 따라서 만기일에 적립된 총액은 $\frac{a(1+r)((1+r)^{12}-1)}{(1+r)-1}=\frac{a(1+r)((1+r)^{12}-1)}{r}$ 이다. 여기서 이율 r은 %가 아님에 유의하자. 만약 이율이 t%라면 $r=t\times0.01$이다.

문제 5 10만 원씩 월이율 10%로 적립하면 1년 후의 원리합계를 (1) 단리법과 (2) 복리법으로 계산하여라. 여기서 $1.1^{12}=3.1$이다.

문제 6 매년 초에 20만 원씩 연이율 6%의 복리로 10년 동안 적립하는 정기적금에 가입하였을 때, 10년 후의 적립금의 원리합계를 구하시오.
여기서 $1.06^{10} \approx 1.9$로 계산한다.

7. 연금

연금은 소득의 일부를 일정 기간 적립하여 납부하고 퇴직 이후나 노후에 돈이 필요한 때에 정해진 일정 기간(약정기간) 동안 주기적(매월이나 1년 단위 등)으로 지급받는 금액(돈)을 말한다. 이러한 연금은 노령사회에서 안정적인 노후 생활을 위해 필요하다. 우리나라는 현재 평균수명이 82.7세로 계속해서 높아지고 있다. 따라서 현재 은퇴 나이가 60세이므로 은퇴 후의 노후 기간이 계속 길어지고 있다. 우리나라는 100세 시대에 맞는 은퇴 준비를 하도록 하고 있는데 그중에 국민연금제도라고 하는 사회보장제도를 운영하고 있다. 노후 준비를 위한 연금으로 공적연금과 사적연금이 있다. 공적연금은 소득이 있는 사람은 모두 의무적으로 가입해야 하는 강제성을 가지는 반면 사적연금은 개인이 자발적으로 가입한다. 사적연금으로 퇴직연금과 개인연금이 있다.

(1) 공적연금

국가가 주체가 되어 사회적 위험으로부터 국민을 보호하고, 최소 노후 소득을 지급하기 위한 사회보장제도로 국가가 보장하며, 국민연금, 공무원연금, 군인연금, 사학연금이 있다.

(2) 퇴직연금

근로자들의 노후 소득보장과 생활 안정을 위해 근로자 재직기간 중 사용자가 퇴직급여 지급 재원을 금융회사에 적립하고, 이 재원을 사용자(기업) 또는 근로자가 운용하여 근로자 퇴직 시 연금 또는 일시금으로 지급하는 제도이다.

(3) 개인연금

개인이 본인의 노후를 준비하기 위해 스스로 가입하는 연금이다. 개인연금은 자발적으로 가입한다.

다음은 우리나라 연금제도의 체계이다(자료 출처-금융감독원).

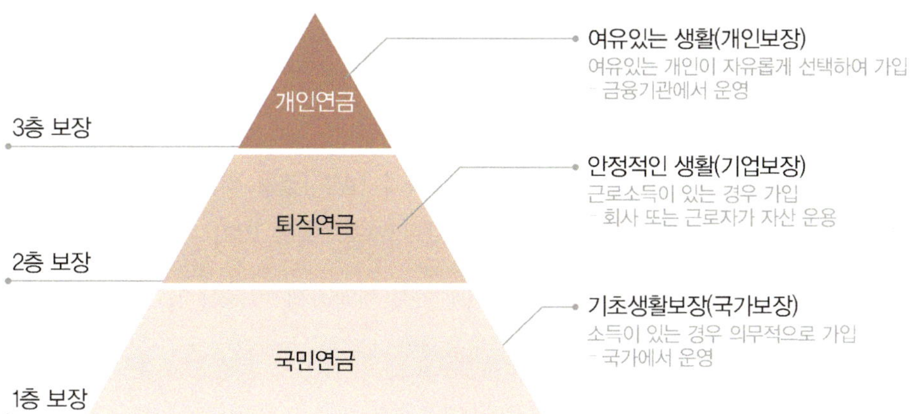

선진국형 3층 연금구조

정부는 2023년부터 개인이 소득이 있을 때 노후 준비를 더 많이 하도록 장려하기 위해 연금계좌 세액공제 혜택을 총소득금액 5,500만 원을 기준으로 단일화하였다. 개인연금의 경우 연금저축은 600만 원 한도와 퇴직연금 즉 IRP의 경우 연금저축과 합산 900만 원 한도에서 총소득액(근로소득)이 5,500만 원 이하일 때는 지방세 포함 16.5%(15%), 5,500만 원 초과의 경우는 지방세 포함 13.2%(12%)의 연말정산(또는 종합소득신고)에서 세액공제 혜택을 준다. 여기서 세액공제란 연말정산 시에 자신에 내야 할 총 세금에서 세액공제 금액만큼 세금을 빼주는 것을 말한다.

연금계좌는 연금저축과 개인퇴직연금인 IRP로 구성되어 있고, 개인이 자율적으로 금액을 정해 납입할 수 있다. 연금계좌는 55세 이후 연금 수령을 위해 가입하므로 55세 이전 중도해지 시 16.5%의 기타 소득세가 부과되므로 반드시 여유자금으로 운영해야 하며, 연간 최대 1,800만 원까지 납입이 가능하다. 또 2023년부터 나이와 무관하게 연금계좌의 세액공제 대상 납입한도가 900만 원으로 상향되었다. 이를 정리하면 다음 표와 같다.

총 급여액 (종합소득)	세액공제율 (지방소득세 제외)	세액공제 대상 납입한도 (연금저축)
5,500만 원 이하 (4,500만 원 이하)	16.5% (15%)	900만 원 (600만 원)
5,500만 원 초과 (4,500만 원 초과)	13.2% (12%)	

예제 6 2024년에 600만 원을 연금저축에 가입하였을 때와 900만 원을 IRP 통장에 가입했을 때 연말정산 시 세액공제액을 각각 구하시오.

풀이 총급여액 5,500만 원을 기준으로 세액공제 비율이 16.5%와 13.2%임을 생각하자.

총급여액	연금저축 600만 원 세액 공제액	IRP 900만 원 세액 공제액
5,500만 원 이하	600만 원×0.165(16.5%) =99만 원	900만 원×0.165(16.5%) =148.5만 원
5,500만 원 초과	600만 원×0.132(13.2%) =79.2만 원	900만 원×0.132(13.2%) =118.8만 원

매년 초에 a원씩 n년간 받는 연금에 가입하였는데 이 연금을 올해 초나 n년 초에 일시금으로 받으려고 한다. 여기서 우리가 받는 연금은 연이율 $r\,(0<r<1)$의 복리로 계산하여 정해진 금액이다. 실제로 그 금액을 계산해 볼 수 있다.

(1) n년간 나누어 받을 금액을 올해 초에 일시금으로 받는다면 그 연금 일시금은 얼마인지 알아보자.

연금을 개시 초에 일시금으로 받으려고 한다면 매년 받는 연금액을 현재가치로 받게 됨을 알 수 있다. 따라서 매년 받을 금액의 현재가치를 알아보는 문제와 일치한다. 올해 초에 일시금으로 연금을 모두 받고자 한다면 매년 초에 받을 a원의 올해 초의 가치로 얼마인지 생각해야 한다. 내년 초에 받을 a원을 올해 초에 받는다면 a원 전액을 받지 못하게 된다는 사실에 주목하자. 즉 내년 초에 받을 금액을 올해 초에 받을 때 그 금액이 x원이라면 이 금액은 1년 후에 이자가 더해져서 a원이 되므로 다음 식을 얻는다. 즉, $x(1+r)=a$ 즉, 내년 초에 받을 a원을 올해 초에 받게 되면 $x=\dfrac{a}{(1+r)}$원이 된다. 또, 2년 뒤에 받을 a원을 올해 받게 되면 $\dfrac{a}{(1+r)^2}$ 원이 됨을 알 수 있다. 따라서 매년 초에 받을 a원을 모두 올해 초에 받는다고 한다면 그 가치는 매년 $\dfrac{1}{(1+r)}$만큼씩 줄어서 올해 초에 받을 일시금은

$$a+\frac{a}{1+r}+\frac{a}{(1+r)^2}+\frac{a}{(1+r)^3}+\ \cdots\ +\frac{a}{(1+r)^{n-1}}$$

이고 이것은 첫 항이 a이고 공비가 $\frac{1}{1+r}$인 등비수열의 n개의 합과 같다.

따라서 구하는 일시금은 $\frac{a\left(1-\left(\frac{1}{1+r}\right)^n\right)}{1-\frac{1}{1+r}}=\frac{a(1+r)(1-(1+r)^{-n})}{r}$이다.

(2) 올해 초부터 n년간 받을 연금을 마지막 해인 n년 초에 일시금으로 받고자 한다면 그 일시금이 얼마인지 알아보자.

매년 초에 a원씩 n년간 받을 연금을 n년 초에 일시금으로 받는다면 그 금액은 표에서 색칠된 금액들의 합이 된다.

1년 초	2년 초	3년 초		n년 초
a	$a(1+r)$	$a(1+r)^2$	→	$a(1+r)^{n-1}$
	a	$a(1+r)$	→	$a(1+r)^{n-2}$
		a	→	⋮
				a

따라서 일시금은 첫 항이 a이고 공비가 $(1+r)$인 등비수열의 n개의 항의 합이므로 $\frac{a((1+r)^n-1)}{(1+r)-1}=\frac{a((1+r)^n-1)}{r}$이다.

예제 7 올해 초부터 300만 원씩 20년 동안 받을 수 있는 연금이 있다. 연금을 올해 일시금으로 받는다면 그 금액을 구하시오. 여기서 연이율 0.05(5%)로의 복리가 적용되고 $1.05^{-20}\approx 0.4$로 계산한다.

풀이 올해 초에 300만 원, 1년 뒤에 받을 300만 원은 올해 초에 받아 그 금액이 x만 원이라면 $x(1.05)=300$만 원이 되어 $x=\frac{300}{1.05}$만 원이다. 또 같은 방법으로 2년 뒤에 받을 300만 원은 올해 받으면 $\frac{300}{(1.05)^2}$만 원이고, 이와 같은 방법으로 반복하면 올해 초 받을 일시금 총액은

$$300+\frac{300}{1.05}+\cdots+\frac{300}{(1.05)^{19}}=\frac{300\left(1-\left(\frac{1}{1.05}\right)^{20}\right)}{1-\frac{1}{1.05}}$$

$$=\frac{300(1.05)(1-1.05^{-20})}{0.05}$$

$$=3780\text{만 원}$$

이다.

문제 7 연이율 5%로의 복리로 올해 초부터 126만 원씩 받을 수 있는 연금이 있다. 올해 초에 126만 원을 받고 내년에 받을 126만 원도 올해 초에 받고자 한다면 그 금액은 얼마인가?

문제 8 올해 초부터 연초에 100만 원씩 10년간 받을 수 있는 연금이 있다. 연금을 10년째 되는 해의 연초에 일시금으로 받는다면 그 금액을 구하시오. 여기서 연이율 0.05(5%)로의 복리가 적용되고 $1.05^{10} \approx 1.6$으로 계산한다.

8. 신용관리의 중요성

현대사회는 신용사회로 신용만으로도 경제적 활동이 가능하다. 다음 두 사례에서 각 개인의 신용관리가 중요함을 알 수 있다.

사례 4 사회초년생 A씨는 3개의 신용카드를 사용하고 있었는데 결제일자를 제대로 확인하지 않아 연체가 발생하여 신용등급이 7등급으로 하락했다. 결혼 준비를 하면서 부족한 보증금을 마련하기 위해 3,000만 원을 은행에서 신용대출을 받으려고 했지만 거절당했다.

사례 5 직장인 B씨는 할부로 자동차를 구입했는데 신용관리의 중요성을 인식하지 못하고 할부금을 연체해 신용등급이 5등급으로 하락했다. 전세금 마련을 위해 은행으로부터 5,000만 원을 신용대출로 받고자 했으나 대출을 거절당하거나 3등급인 동료 직원에 비해 2%나 높은 대출금리를 부담해야 했다.

(1) 신용

신용은 개인 간의 믿음을 말한다. 특히, 경제적 의미의 신용은 거래한 재화의 대가를 앞으로 치를 수 있음을 보이는 능력으로 물건을 먼저 주고 물건값은 다음에 주기로 한 거래 등을 말한다. 또 "신용이 좋다", "신용이 나쁘다"라는 말은 개인의 경제적 활동에 대한 평가이다. 신용은 개인이 물건값을 갚을 능력이나 갚고자 하는 의지에 대한 사회적 믿음이다. 또, 신용은 신용을 제공하는 쪽의 입장에서 사용하는 말이고, 빚이란 그 신용을 제공받아 사용하는 쪽, 즉 소비자의 입장에서 사용하는 말이다. 따라서 신용과 빚은 같은 의미를 가진다.

신용은 얼마나 빌릴 수 있는가라는 돈의 양이며, 이미 사용한 신용의 양은 빚이 된다. 신용을 모두 사용하면 신용은 0이다. 신용은 올바르게 사용하면 생활에 편리함을 주지만 잘못 사용하면 사회생활에 어려움을 겪게 된다.

일상생활에서 신용을 사용하고 있는 예로, 신용카드, 전기요금, 전화요금(통신요금), 가스비용 등의 공공요금은 미리 사용하고 그 사용 요금은 한 달 후에 지급한다. 신용이 좋은 사람은 쉽게 돈을 빌리지만 신용이 나쁜 사람은 돈을 빌리기도 어렵고 빌려도 대출이자가 높다. 따라서 개인의 신용관리가 필요하다.

(2) 신용등급

신용등급은 1등급에서 10등급으로 나누어져 있다. 신용등급은 과거의 신용거래 경험이나, 현재의 신용거래 상태를 바탕으로 매겨진다. 부채 수준이나 연체정보, 신용 형태, 거래 기간과 관련되어 있고, 소액이라도 돈을 기일에 맞춰 상환하고, 이자나 카드 결제 납부액을 연체하지 않아야 한다. 신용등급은 공과금이나 통신요금을 밀렸을 경우도 하락한다.

(3) 신용등급을 높이기 위한 똑똑한 은행 이용법

주거래 은행을 지정하여 이용한다. 이때 주거래 은행은 제1금융권 은행이 더 유리하다. 또 급여 이체(아르바이트비)는 기본이고 각종 공과금 이체(전기세, 통신요금, 가스비 등)나 인터넷 뱅킹, 신용카드 결제통장, 보험료 이체 등을 주거래 금융기관으로 모아서 거래하자.

주거래 은행의 이용 장점은 주거래 고객 등급 산정 시 높은 평점을 받을 수 있고, 은행수수료 우대와 대출금리 우대 서비스를 받을 수 있다. 특히 주거래 은행 이용 시에 공과금이나 통신요금 자동이체를 신청하고, 은행에서 발행하는 카드를 사용하고 결제일을 꼭 지키며, 현금거래보다 계좌이체나 체크카드, 신용카드를 사용하여 거래기록을 남기는 것이 좋다. 또 적은 금액이라도 복리 예금을 들어 저축하자. 매월 자신의 수입과 지출에 대해 기록하고 월별 통계를 활용하여 합리적 소비생활을 하는 것이 필요하다.

참고 대학생에게 유리한 복리 예금(저축)의 예로 주택청약 종합저축이 있다. 이것은 미래의 내 집 마련을 위한 청약이 되는 저축으로 복리와 그리고 세금혜택, 또 근로자일 때 연말정산 세제 혜택 등이 있는 저축상품이다. 대학생이 되어 저축하고자 한다면 주택청약 종합저축을 가입하는 것이 유리하다. 저축상품으로 최소금액 월 2만 원부터 가능하고, 저축 기간이 길수록 유리하다.

(4) 합리적 소비와 비합리적 소비

소비는 주어진 소득으로 생활에 필요한 상품이나 서비스를 구매하여 만족을 얻는 경제행위이다. 합리적이라는 말의 의미는 이치에 맞는 것, 이해가 되는 것, 사리 분별력이 있는 것을 뜻한다. 따라서 경제학적 관점에서의 합리적인 소비란 주어진 소득으로 가장 큰 만족을 얻을 수 있도록 소비의 편익과 비용을 충분히 고려하여 이루어지는 소비를 말한다. 즉, 자신이 가지고 있는 돈의 범위 내에서 가장 큰 만족을 얻도록 지출하는 것이다.

비합리적 소비에는 과시 소비, 과소비, 모방 소비, 충동 소비의 4가지 형태가 있다. 과시 소비란 효용을 얻기 위한 목적보다는 부나 지위를 남에게 자랑할 목적으로 하는 소비이고, 과소비는 자신의 현재 및 미래 소득수준이나 한정된 예산을 생각할 때 나중에 경제생활에 큰 부담을 가져오는 소비이다. 또 모방 소비는 꼭 필요하지 않아도 주위 사람 또는 상위계층을 따라 하는 소비로, 청소년의 경우 연예인 등 특수 집단이나 또래 집단을 모방하는 경우가 많다. 충동 소비는 재정적, 사회적, 심리적 상황을 고려하지 않고 사전 구매계획 없이 구매 현장에서 다양한 형태의 구매 자극을 받아 충동적으로 하는 소비를 말한다.

참고자료

1. 즐거운 금융교실, 금융감독원(www.fss.or.kr)
2. 고용노동부(https://www.moel.go.kr)

제 2 장

체크비트

우리가 살고 있는 정보화 사회에서는 대량의 정보를 신속 정확하게 처리하는 것이 필요하다. 이러한 다량의 정보를 정확하게 처리하기 위해 필요한 것이 무엇일까? 이장에서는 체크비트를 통해 필요한 정보를 어떻게 처리하고 보호하는지에 대해 알아본다.

1. 체크비트

지식 정보화 사회에서는 대량의 데이터를 저장하고 처리해야 하며 또 필요할 때, 신속하게 필요한 정보를 얻을 수 있어야 한다. 이처럼 필요한 대상들에 대해 정보를 신속하게 얻는 동시에 그 대상을 잘 파악하기 위해 대상들에 특별한 번호나 기호 등을 부여하여 관리한다. 우리가 사용하는 물건들이 대부분 특별한 숫자를 부여받아 관리되고 있는데, 예를 들면 책은 ISBN 숫자, 공산품 및 식료품(UPC)에는 바코드, 우리나라의 경우 국민에게 부여된 주민등록번호 등이 그것이다. 이 번호들은 각 대상들이 갖는 고유한 번호로서 중요한 자료로 쓰인다. 이러한 고유번호의 잘못된 입력으로 받을 수 있는 불이익이나 오류를 피하기 위하여 오류가 생겼음을 확인하고 그 오류를 수정할 수 있도록 이들 번호 속에 체크비트를 두고 있다.

일상생활에서 체크비트를 가지는 것들로는 주민등록번호, 바코드(UPC, Universal Product Code), ISBN(International Standard Book Number), 신용카드번호, 여권번호, 통장번호 등이 있다. 단순히 순서를 지정하거나 인원 파악을 위해 부여된 번호에는 체크비트가 없다. 즉, 학번, 출석부의 번호, 영화관, 야구장, 전시장 등의 좌석표 등에는 체크비트가 없다.

2. 주민등록번호 속의 체크비트

우리나라 국민은 출생 신고 시에 부여받은 주민등록번호가 있다. 이 주민등록번호는 각 개인에 대한 가장 중요한 정보이다. 주민등록번호가 노출되어 일어나는 금융사고 및 각종 사기 사건들을 우리는 많이 듣고 있다. 주민등록번호는 자신을 대변할 만큼 중요한 정보이므로 스스로 잘 관리하고 지켜야 한다. 주민등록번호 속의 체크비트에 대해 알아보자. 주민등록번호는 다음과 같이 구성되어 있다.

- 주민등록번호는 앞에 6자리와 뒤에 7자리 수로 13개의 수로 구성되어 있다.
- 앞에 나온 6자리는 생년월일을 나타내고, 뒤의 7자리에서 첫 번째 자리는 남녀를 구분하는 성별을, 다음 4자리는 지역정보와 신고된 순서 그리고 마지막 자리는 체크비트로 구성되어 있다. 성별을 나타내는 숫자는 출생년도에 따라 다음과 같다.

1800년대 출생자 중 남자는 9, 여자는 0이고
1900년대 출생자 중 남자는 1, 여자는 2이다. 또
2000년대 출생자 중 남자는 3, 여자는 4로 시작한다.
그리고 외국인이면서 한국 출생자 중 남자는 7, 여자는 8이다.

주민등록번호에서 체크비트는 그 마지막 자리의 수이다.

주민등록번호의 체크비트를 확인하는 방법
(1) 주민등록번호의 맨 마지막 자리인 체크비트를 제외한 12자리의 수에 순서대로 2, 3, 4, 5, 6, 7, 8, 9, 2, 3, 4, 5를 곱하고 그 값을 모두 합한다.
(2) (1)의 결과가 11의 배수가 되도록 10 이하의 수를 더하게 되는데 그 수가 체크비트의 수이다. 여기서 더해야 하는 수가 10이면 0으로 하고, 11의 배수(0)일 때는 1을 쓴다.

예제 1 A라는 사람의 주민등록번호는 200909-383131□이다. 이 주민등록번호의 체크비트인 □를 구해 주민등록번호를 완성하여라.

풀이

주민등록번호	2	0	0	9	0	9	3	8	3	1	3	1	체크비트
곱하는 수	2	3	4	5	6	7	8	9	2	3	4	5	□
곱한 결과	4	0	0	45	0	63	24	72	6	3	12	5	

제일 아래 칸의 숫자들의 합이 11의 배수가 되도록 하자.

4+0+0+45+0+63+24+72+6+3+12+5+□가 11의 배수가 되도록 □의

숫자를 찾으면 그것이 주민등록번호의 체크비트이다.

4+0+0+45+0+63+24+72+6+3+12+5+□=234+□=231+3+□ 이므로 231은 11의 배수 부분이므로 결국 □의 값을 결정하는 것은 231이 아닌 숫자 3이다. 따라서 3+8=11이므로, □=8이다.

한편 다른 방법으로 다음을 생각해 볼 수 있다.

주민등록번호	2	0	0	9	0	9	3	8	3	1	3	1	체크비트
곱하는 수	2	3	4	5	6	7	8	9	2	3	4	5	□
곱한 결과	4	0	0	45	0	63	24	72	6	3	12	5	
11로나눈 나머지	4	0	0	1	0	8	2	6	6	3	1	5	

처음부터 11이 넘어가는 숫자에 대해 11의 배수 부분과 아닌 부분을 생각하면 더 쉽게 계산할 수 있다. 즉 45에서 11의 배수 부분 44를 제외한 1, 63에서 11의 배수 부분 55를 제외하고 8, 24에서 11의 배수 부분 22를 제외한 2, 72에서 11의 배수 부분 66을 제외한 6, 그리고 12에서 11을 제외한 1만을 생각하고 이들의 합을 생각하면 다음과 같다.

4+0+0+1+0+8+2+6+6+3+1+5+□=36+□=33+3+□가 11의 배수가 되도록 하며, 따라서 체크비트 □=8이다. 따라서 구하는 주민등록번호는 200909−3831318이다.

문제 1 본인의 주민등록번호에서 체크비트를 구해보자.

수학에서는 합동식 ≡을 써서 다음과 같이 표현하는 방법이 있다.

a≡b (mod 11) ⇔ a를 11로 나눈 나머지는 b를 11로 나눈 나머지와 같다.

24≡2 (mod 11) ⇔ 24를 11로 나눈 나머지는 2를 11로 나눈 나머지는 같다.

즉, 24를 11로 나눈 나머지는 2이다.

63≡8 (mod 11) ⇔ 63을 11로 나눈 나머지는 8이다.

마찬가지로 12≡1 (mod 11), 72≡6 (mod 11), 234≡3 (mod 11)로 쓴다.

※ 합동식은 나머지에만 관심을 가진다. 합동식의 아이디어는 11의 배수들의 합과

차는 11의 배수이므로 11의 배수를 만드는 것은 나머지임을 안다. 즉, 11의 배수 부분은 나머지에 영향을 주지 않으므로 두수의 합을 11로 나눈 나머지는 각각의 수의 나머지의 합과 동일하다.

3. 신용카드 속의 체크비트

우리가 자주 사용하는 신용카드도 체크비트를 가지고 있다. 신용카드의 체크비트도 주민등록번호와 마찬가지로 제일 뒤에 나오는 마지막 숫자가 체크비트에 해당되고, 대부분 10으로 나누어떨어지도록 체크비트의 수를 맞추는 방법을 쓴다. 신용카드번호는 대체로 16자리로 이루어져 있고 그 마지막 수가 체크비트이다. 신용카드의 체크비트 계산법을 알아보자.

신용카드의 체크비트를 확인하는 방법
(1) 신용카드번호의 16자리의 마지막 자리인 체크비트를 제외하고 맨 앞에서부터 차례로 2, 1, 2, 1,⋯ 을 반복해서 대응되는 수에 곱한다.
(2) (1)에서 대응된 수를 모두 곱한 값을 일렬로 나열하여 하나의 큰 수로 생각하자. (주의: 2배한 수를 하나의 수로 보지 않는다. 모두 다른 자릿수로 생각)
(3) (2)에 나타난 수를 1의 자릿수로 보고 모두 더한다.
(4) (3)의 결과가 10의 배수가 되도록 9 이하의 수를 더하는데 이때 더하는 수가 체크비트의 수이다.

예제 2 카드번호가 5361 4880 0015 548□일 때 체크비트 □를 구해보자.

풀이 주어진 신용카드의 번호는 5361 4880 0015 548□이다. 체크비트 □를 구하기 위해 2, 1, 2, 1, ⋯을 차례로 곱하여 아래 표를 완성해 보면 다음과 같다.

카드번호	5	3	6	1	4	8	8	0	0	0	1	5	5	4	8	□
곱하는 수	2	1	2	1	2	1	2	1	2	1	2	1	2	1	2	
곱한 결과	10	3	12	1	8	8	16	0	0	0	2	5	10	4	16	

여기서 곱한 결과에서 10은 1과 0으로 12는 1과 2로 생각한다. 실제로 곱한 결과를 큰 수로 보고 쓰면 10312188160002510416이 된다. 이 수의 모든 자릿수를 더하면,

$$1+0+3+1+2+1+8+8+1+6+0+0+0+2+5+1+0+4+1+6=50$$

이 되고, 50은 10의 배수이므로 더하는 체크비트 □는 0이 됨을 알 수 있다.

문제 2 다음 신용카드 번호에서 □에 들어갈 수를 구하여라.

(1) 6556 2081 9777 435□

(2) 4518 4211 9□93 1055

4. 바코드 속의 체크비트

바코드는 상품에 대한 정보를 신속 정확하게 기록하고 관리하는 수단으로 광학스캐너인 기계가 읽을 수 있도록 만들어진 검은색 막대와 흰색 막대의 조합으로 이루어져 있다. 이들 막대(bar)들은 숫자나 기호를 표현하고 있고 상품에 대한 여러 가지 정보를 포함한다.

실제로 바코드 시스템에서는 바코드와 이를 읽을 스캐너 그리고 바코드와 그 상품에 대응시킨 데이터베이스화된 정보를 저장해 놓은 컴퓨터 시스템이 필요하다. 이러한 시스템하에서 바코드를 읽히면 어떤 상품에 대한 정보를 기록한 데이터에 대응되어 이 데이터가 자동으로 처리되는 것이다.

바코드는 1차원 바코드와 2차원 바코드가 주로 사용되고 있다. 1차원 바코드의 경우 유럽에서는 EAN(European Article Number)를 채택했고, EAN은 표준형 13자리와 단축형 8자리가 있다. 1973년 미국 슈퍼마켓특별위원회가 세계상품코드를 식료품 업계 표준으로 제정하면서 일반화되기 시작하였고, 미국이 UPC(Universal Product Code)를 제정하여 캐나다와 미국에서 사용하였다.

UPC는 표준형 12자리와 단축형 6자리를 사용하고 있다. 우리나라는 1988년 EAN에 가입하여, 국가코드 880을 부여받았다.

2차원 바코드는 직사각형으로 구성되어 그 안에 가로와 세로에 모두 정보를 보관할 수 있어 바코드보다 더 많은 데이터를 포함시킬 수 있는 장점이 있다. 대표적으로 QR(Quick response)코드가 있다.

1차원 바코드	2차원 바코드(QR코드)
9 87654 21099 9 / 93410 / 9 791160 735871 / ISBN 979-11-6073-587-1	

바코드는 세계의 거의 모든 비즈니스에 사용되고 있으며, 실제로 슈퍼마켓의 상품이나 많은 양의 우편물, 회사의 사원 정보 및 어떤 장소의 출입 통제를 위한 곳에 널리 사용되고 있다. 바코드의 장점으로는 물건값을 일일이 입력할 필요가 없어 시간을 절약할 수 있을 뿐 아니라 판매량과 금액, 재고량 등의 정보를 신속하고 정확하게 집계하기 때문에 관리와 유통 업무를 효율적으로 처리할 수 있고, 정보처리가 정확하다. 또한 데이터 입력이 신속하고 운영에 숙련이 필요하지 않다. 작업장이나 작업자의 능력의 제한을 받지 않아 인건비와 관리비 등의 유지비가 절약된다.

다음은 우리나라가 가입된 EAN 바코드 표시방법을 알아보자.

(1) 표준형 (13자리)

F1 F2 F3	M1 M2 M3 M4	1 2 3 4 5	X
국가식별코드	제조업체코드	상품품목코드	체크비트

(2) 단축형(8자리)

F1 F2 F3	M1 M2 M3	1	X
국가식별코드	제조업체코드	상품품목코드	체크비트

(3) 바코드(EAN번호 13자리)

바코드의 13자리 중 마지막 자릿수가 체크비트이다.

바코드의 체크비트를 확인하는 방법
(1) 바코드의 마지막 자리를 제외한 각 자리에 해당하는 수에 1, 3, 1, 3, …을 차례로 곱하고 이 값을 모두 더한다.
(2) (1)의 값이 10의 배수가 되도록 더하게 되는 수가 체크비트이다. 즉, (1)값의 일의 자릿수를 10에서 뺀 수가 체크비트이다.

참고 UPC 12자리 바코드에서도 맨 마지막 자릿수가 체크비트이고 이때에는 각 자릿수에 3, 1, 3, 1, 3, …을 곱해서 전체의 합이 10의 배수가 되게 체크비트를 정한다.

예제 3 다음 바코드의 체크비트를 구해보자.

풀이 바코드의 수에 차례로 1, 3, 1, 3, …를 곱하여 표를 완성하면 다음과 같다.

바코드 번호	8	8	0	9	5	3	5	5	9	1	8	6	□
곱하는 수	1	3	1	3	1	3	1	3	1	3	1	3	
곱한 결과	8	24	0	27	5	9	5	15	9	3	8	18	

곱한 결과의 수를 모두 더하면 8+24+0+27+5+9+5+15+9+3+8+18=131 이 값이 10의 배수가 되도록 체크비트를 더하면 그 수는 9이다. 여기서도 합동식을 이용하면 더 쉽게 계산할 수 있다. 즉, 10의 배수 부분의 수가 아닌 나머

지만 계산하면 $8+4+0+7+5+9+5+5+9+3+8+8 \equiv 1 \pmod{10}$이다. 따라서 체크비트는 9이다.

문제 3 바코드의 수가 차례로 880 9650 04458y일 때 체크비트의 수 y를 구하시오.

5. QR코드(2차원 바코드)

QR코드(Quick Response code)는 한 방향으로 정보를 담는 바코드와는 달리 가로와 세로에 모두 정보를 담을 수 있어 많은 정보를 처리할 수 있다. QR코드는 1994년 일본의 덴소웨이브라는 회사가 개발하였고, 개발 후에 특허권을 행사하지 않아 무료로 누구나 쉽게 사용할 수 있게 되었다. 1차원적인 바코드는 최대 20여자의 숫자 정보만 가지고 있는 반면에 QR코드는 가로, 세로를 모두 활용하여 숫자는 최대 7,089자, 문자는 최대 4,296자, 한자는 최대 1,817자를 넣을 수 있다. 인식 속도와 인식률, 복원력에서도 일반 바코드보다 뛰어나다. QR코드는 누구나 간단하게 만들 수 있고, 프린트해 사용할 수 있어, 생활밀착형 서비스를 제공할 수 있다.

8 809535 591869	
바코드(1차원)	QR코드(2차원)

QR코드는 1차원 바코드에 비해 많은 정보를 담을 수 있는 반면에 이 점을 악용해 QR코드에 악성코드나 유해 웹사이트 주소를 담을 수도 있다. 이러한 유해 정보가 담긴 QR코드를 별다른 의심 없이 리더기로 읽는다면 악성코드에 노출되거나 유해 사이트로 이동할 수 있다. 이 때문에 검증된 곳이나 기업에서 제공하는 QR코드가 아닌 경우 주의가 필요하다.

또 QR코드는 마케팅에 활발하게 활용되고 있다. 특히 인터넷에서 물건을 사고 팔 때 간단히 QR코드로 결제, 은행 이용, 그리고 위치파악 등 여러 분야로 다양하게 활용되고 있다. 코로나 19로 인해 다중 집합시설을 이용할 때 QR코드를 활용한 전자출입명부 시스템을 도입하여 출입자 파악의 정확도를 높였다. 실제로 본인의 정보를 담은 QR코드로 체크인하게 되면 출입자 명부에 자동으로 본인의 기록이 남게 되는 시스템으로 코로나 확산 방지에 도움을 주었다. 일본에서는 건축물에 대형 QR코드를 걸고 이를 활용하여 회사의 홍보, 관광지에서의 안내, 지도, 할인쿠폰 등 필요한 정보를 활용할 수 있게 하였다. 우리나라에서도 문화재청은 국가와 지방자치단체가 지정한 모든 문화재에 대해 문화재별 고유의 QR코드를 부여하여 일반 국민에게 문화재 설명, 이미지, 영상, 스토리, 다큐멘터리 등을 제공하는 서비스와 장애인, 외국인을 위해 수화, 자막, 음성(한국어, 외국어)을 추가로 제공하는 '문화유산 QR코드 서비스'를 시행해서 한국의 문화유산을 QR코드에 담아 누구나 쉽게 이용할 수 있도록 하고 있다.

6. ISBN 속의 체크비트

전 세계에서 출판되는 모든 출판물에는 ISBN(International Standard Book Number, 국제표준도서번호) 번호를 부여하고 있다. 이것은 출판물의 정보와 관리를 위해 출판되는 모든 도서에 부여된 국제적으로 표준화된 고유번호이다. 한국은 1990년 8월 24일 베를린에 본부를 두고 있는 International ISBN Agency로 부터 우리나라의 고유번호로 89번을 받았다. 모든 출판물은 ISBN 번호와 EAN 바코드를 같이 표기하고 있다.

● ISBN의 구성

ISBN은 국가별 번호(1~3자릿수), 언어에 부여된 번호(한국어 89번), 발행자 번호(4자리), 서명식별번호(3자리) 그리고 체크비트(1자리)로 구성되어 있다. 이때 체크비트를 오류검증 코드라고도 한다. ISBN은 주로 10자리나 13자리의 수로 구성되고, 5자리의 ISBN 단축번호도 쓰고 있다.

● ISBN의 체크비트

ISBN의 수가 10자리로 구성된 ISBN-10과 ISBN의 수가 13자리로 구성된 ISBN-13의 두 가지가 있다. 두 가지의 ISBN의 체크비트는 모두 마지막 자리수가 체크비트이고, 이것은 한 자리의 에러나 두 개의 수가 자리가 바뀌는 에러를 찾아낼 수 있다. 여기서는 ISBN-13의 체크비트를 계산하는 방법만 소개한다.

ISBN-13의 체크비트를 확인하는 방법
(1) ISBN의 13자리 중 13번째 체크비트의 수를 제외한 12자리의 수를 나열한다. 여기에 처음 수부터 차례로 1, 3, 1, 3, …를 각각 곱하고 이들 수를 모두 더한다.
(2) (1)의 결과가 10의 배수가 되게 적당한 수를 더하는데 이 수가 체크비트가 된다.

예제 4 ISBN 978-89-6105-595-□일 때, 체크비트 □를 구하라.

풀이 바코드의 수에 차례로 1, 3, 1, 3, …를 곱하여 표를 완성하면 다음과 같다.

바코드 번호	9	7	8	8	9	6	1	0	5	5	9	5	□
곱하는 수	1	3	1	3	1	3	1	3	1	3	1	3	
곱한 결과	9	21	8	24	9	18	1	0	5	15	9	15	

곱한 결과의 수를 모두 더하면 $9+21+8+24+9+18+1+0+5+15+9+15 \equiv 4 \pmod{10}$이 되므로 10의 배수가 되도록 체크비트를 더하면 그 수는 6이다. 이처럼 합동식을 이용하면 10의 배수 부분은 체크비트의 값을 결정하는 데 영향을 주지 않으므로 10으로 나눈 나머지에만 관심을 갖고 계산하면 계산이 빠르고 편리함을 알 수 있다.

문제 4 ISBN 979-11-6073-587-z에서 체크비트 z를 구하시오.

7. 체크비트에 사용된 수학적 원리

체크비트에 사용된 수학적인 개념은 합동식의 개념이다. 10의 배수가 되도록 체크비트를 결정하는 경우, 10으로 나눌 때 나머지에만 관심을 갖고 계산하면 된다. 10의 배수 부분인 십의 자리까지의 결과는 관심의 대상이 아니고 나머지에 해당되는 일의 자릿수에만 관심을 갖고 계산한다. 또한 체크비트의 한자리가 틀리거나 연속된 두 자리 정도의 숫자를 잘못 입력하여 생길 수 있는 오류를 발견하는 오류수정부호(error correcting code)의 개념을 이용한 것이다.

참고자료

1. 수학은 생활이다. 박형빈, 경문사
2. 수학비타민 플러스, 박경미, 김영사

PRACTICAL MATHEMATICS

제 3 장

자연과 수학

이 장에서는 흔히 볼 수 있는 꽃, 나무 등 식물에서 그리고 우리 주변에 볼 수 있는 흔한 물건들에서 흥미로운 수학적 규칙을 발견할 수 있다.

1. 자연과 생활 속의 숫자

우리 주위에 쉽게 볼 수 있는 나뭇가지 속에 흥미로운 숫자가 들어 있다.

뻗어나가는 나뭇가지의 개수를 살펴보면 1, 1, 2, 3, 5, 8, 13, …이다. 또, 꽃잎 속에서도 흥미로운 규칙을 발견할 수 있다.

사진 속의 꽃들에서 꽃잎의 숫자들을 살펴보면 1, 2, 3, 5, 8, 13, 21, 34이다. 솔방울을 관찰하면 그 속에도 흥미로운 숫자들을 발견하게 된다. 즉, 솔방울의 잎이 뻗어 나간 개수나 나선형으로 뻗어진 결의 개수를 살펴보면 그 개수들이 5, 8, 13 이다.

또 피아노 건반을 자세히 보면 흥미로운 숫자들을 보게 된다.

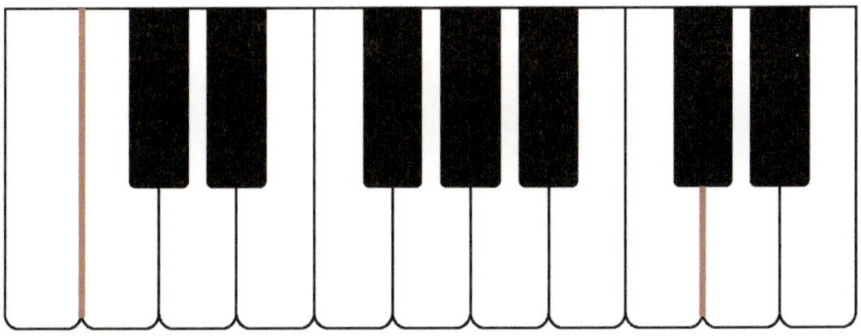

피아노의 한 옥타브는 8음계로 이루어져 있고 한 옥타브 안에는 13개의 건반이 있다. 또 하얀 건반은 8개이고 검은 건반은 5개이다. 검은 건반 5개는 2개와 3개로 나누어져 있음을 알 수 있다. 이 피아노 건반에 있는 숫자들을 보면 2, 3, 5, 8, 13이다.

이와 같이 자연과 생활 속에서 찾은 수의 배열은 1, 1, 2, 3, 5, 8, 13, 21, 34, 55, …이다. 이 수열에 나오는 숫자들이 갖는 특징을 살펴보면 다음과 같이 표현할 수 있다.

$1+1=2,\ 1+2=3,\ 2+3=5,\ 3+5=8,\ 5+8=13,\ 8+13=21,$

$13+21=34,\ \cdots$

다음은 이탈리아 피사 출신의 상인인 피보나치(Fibonacci, 1180~1228)의 토끼 문제를 알아보자.

2. 피보나치 토끼 문제

방 안에 새끼 토끼 암수 한 쌍을 넣어 두었다. 이 토끼 한 쌍이 한 달 후부터 매달 암수 한 쌍씩을 낳고 또 새로 태어난 토끼 한 쌍은 한 달 동안 자라고, 그다음 달부터 매달 암수 한 쌍씩을 낳는다면, 일 년 후에는 토끼 몇 쌍이 이 방 안에 있게 되는가?

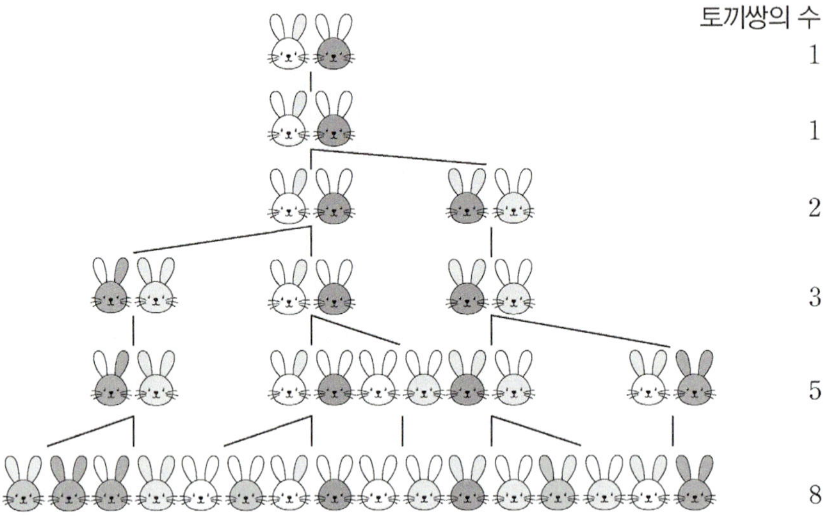

자연에서 나타나는 수열과 피보나치 토끼 문제에서 나타나는 수열은 1, 1, 2, 3, 5, 8, 13, 21, 34, 55, ⋯이다. 이러한 수열을 피보나치수열이라고 하고 그 일반항을 F_n으로 쓴다. 또 피보나치수열은

$$F_1 = 1,\ \ F_2 = 1,\ \ F_{n+2} = F_n + F_{n+1}\ (n \geq 1)$$

으로 표현됨을 알 수 있다. $F_{n+2} - F_{n+1} = F_n$이므로 계차도 1, 1, 2, 3, 5, 8, 13, 21, 34, 55⋯로 피보나치수열이다.

한편 이항정리의 계수들을 나열한 파스칼 삼각형에서도 다음과 같이 피보나치수열을 찾을 수 있다.

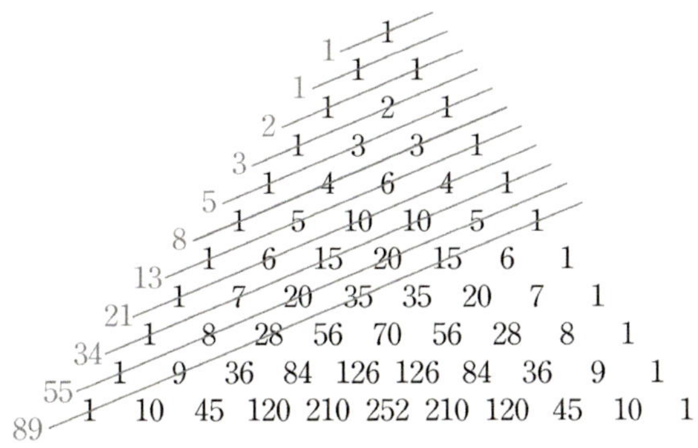

피보나치수열의 비를 살펴보면 다음과 같은 좋은 규칙이 있다.

3. 피보나치수열의 비

피보나치수열에서 앞항과 뒷항, 즉 이웃한 두 항 사이의 비 $\frac{F_{n+1}}{F_n}$을 계산해 보면 다음 〈표 1〉과 같다.

〈표 1〉

$\frac{F_{n+1}}{F_n}$	값
$\frac{F_2}{F_1}$	$\frac{1}{1}=1$
$\frac{F_3}{F_2}$	$\frac{2}{1}=2$
$\frac{F_4}{F_3}$	$\frac{3}{2}=1.50000$
$\frac{F_5}{F_4}$	$\frac{5}{3}=1.66667$
$\frac{F_6}{F_5}$	$\frac{8}{5}=1.60000$
$\frac{F_7}{F_6}$	$\frac{13}{8}=1.62500$
$\frac{F_8}{F_7}$	$\frac{21}{13}=1.61538$

$\frac{F_{n+1}}{F_n}$	값
$\frac{F_9}{F_8}$	$\frac{34}{21}=1.61905$
$\frac{F_{10}}{F_9}$	$\frac{55}{34}=1.61765$
$\frac{F_{11}}{F_{10}}$	$\frac{89}{55}=1.61818$
⋮	⋮

↓
1.618

$\frac{F_{n+1}}{F_n}$ 값을 계산해 보면 이 값들은 황금비 1.618033988…에 수렴해 간다. 여기서 우리는 황금비를 1.618로 하자. 한편 피보나치수열의 이웃한 두 항 사이의 비 $\frac{F_{n+1}}{F_n}$를 다음과 같이 연분수로 표현해 볼 수 있다.

$$\frac{1}{1}=1$$

$$\frac{2}{1}=\frac{1+1}{1}=1+\frac{1}{1}$$

$$\frac{3}{2}=\frac{2+1}{2}=1+\frac{1}{2}=1+\cfrac{1}{1+\cfrac{1}{1}}$$

$$\frac{5}{3}=\frac{3+2}{3}=1+\cfrac{1}{\cfrac{3}{2}}=1+\cfrac{1}{1+\cfrac{1}{1+\cfrac{1}{1}}}$$

이와 같은 표현을 계속 반복하면 다음과 같은 식 즉, 이웃한 두 피보나치 수의 비는 $1+\cfrac{1}{1+\cfrac{1}{1+\cfrac{1}{1+\cfrac{1}{1+\ddots}}}}$ 꼴이 된다. 여기서 $1+\cfrac{1}{1+\cfrac{1}{1+\cfrac{1}{1+\cfrac{1}{1+\ddots}}}}=\phi$라 두면 $\phi>1$이고 $\phi=1+\frac{1}{\phi}$이다. 따라서 $\phi^2-\phi-1=0$이 성립한다.

이차방정식 $ax^2+bx+c=0$ $(a \neq 0)$의 근의 공식은 $x=\dfrac{-b \pm \sqrt{b^2-4ac}}{2a}$ 이다. 근의 공식을 이용하여 앞의 식 $\phi^2-\phi-1=0$에서 ϕ를 구해보면 $\phi=\dfrac{1 \pm \sqrt{1+4}}{2}=\dfrac{1 \pm \sqrt{5}}{2}$이다. 여기서 $\sqrt{5}=2.236$으로 하자.

$$\text{따라서 } \phi > 1\text{이므로 } \phi=\frac{1+\sqrt{5}}{2}=\frac{3.236}{2}=1.618\text{이다.}$$

한편 앞항과 뒷항 사이의 비 $\dfrac{F_n}{F_{n+1}}$을 구해 아래 〈표 2〉에 나타내보면 그 값은 1보다 작고 실제로 $\phi^2-\phi-1=0$의 근 중에 1보다 작은 양수인 0.618에 수렴함을 알 수 있다. 또 $\dfrac{F_n}{F_{n+1}}$은 $\dfrac{F_{n+1}}{F_n}$의 역수이므로 $\dfrac{1}{1.618}=0.618$임을 확인할 수 있다.

〈표 2〉

$\frac{F_{n+1}}{F_n}$	값
$\frac{1}{1}$	1
$\frac{2}{1}$	1
$\frac{3}{2}$	1.50000
$\frac{5}{3}$	1.66667
$\frac{8}{5}$	1.60000
$\frac{13}{8}$	1.62500
$\frac{21}{13}$	1.61538
$\frac{34}{21}$	1.61905
$\frac{55}{34}$	1.61765
$\frac{89}{55}$	1.61818
⋮	⋮

↓ 1.618

$\frac{F_n}{F_{n+1}}$	값
$\frac{1}{1}$	1
$\frac{1}{2}$	0.50000
$\frac{2}{3}$	0.66666
$\frac{3}{5}$	0.60000
$\frac{5}{8}$	0.62500
$\frac{8}{13}$	0.61500
$\frac{13}{21}$	0.61900
$\frac{21}{34}$	0.61764
$\frac{34}{55}$	0.61818
$\frac{55}{89}$	0.61797
⋮	⋮

↓ 0.618

4. 황금분할과 황금비

비례와 균형을 가지는 가장 안정적인 비율인 황금분할은 유클리드의 기하학 원론에 정의되어 있다. 유클리드는 황금분할을 '외중비'라 하여 그 값을 정확히 알아내었다. "한 점이 선분을 황금분할로 나눈다"라는 것은 분할된 선분 중 긴 선분과 짧은 선분의 길이의 비가 전체 변과 긴 변의 길이의 비와 같게 나누는 것이다. 이때의 비 값을 황금비(Golden ratio)라 한다.

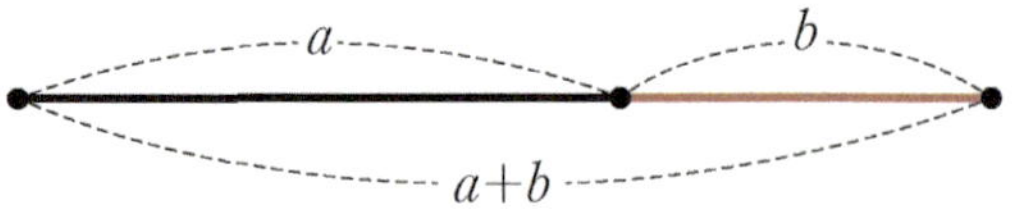

즉 $\dfrac{a+b}{a} = \dfrac{a}{b} \Leftrightarrow a+b : a = a : b$가 성립한다. 따라서 $a+b : a = a : b$는 $a^2 - ab - b^2 = 0$이다.

(1) 여기서 $b=1$이라고 하자. 그러면 위 식은 $a^2 - a - 1 = 0$이다. $a > b = 1$이고, 근의 공식으로 a를 구하면 $a = \dfrac{1+\sqrt{5}}{2} = 1.618$이다. ($\sqrt{5} = 2.236$)

(2) 여기서 $a=1$이라고 하자. 그러면 위 식은 $b^2 + b - 1 = 0$이다. $a = 1 > b > 0$이고, 근의 공식으로 b를 구하면 $b = \dfrac{-1+\sqrt{5}}{2} = 0.618$이다.

(3) (1)과 (2)에서 얻은 값들 1.618과 0.618 두 값을 모두 황금비로 사용한다.

● 건축물 속의 황금비

수학이 발달 되지 않았던 고대에 만든 건축물들이 주로 황금비의 비율로 건축된 사실은 흥미롭다. 이집트 기자의 피라미드(B.C. 2500년), 그리스 아테네 파르테논 신전(B.C. 438년), 인도의 타지마할(1698년) 등 유명 건축물들에 황금비가 들어있다고 알려져 있다(사진 - Pixabay).

● 회화 속의 황금비

회화 속에서도 황금비를 찾을 수 있는데 특히 레오나르도 다빈치의 작품 비트루비우스 인체비례, 최후의 만찬 그리고 모나리자 등에서 황금비를 찾을 수 있다고 알려져 있다(사진-pixabay).

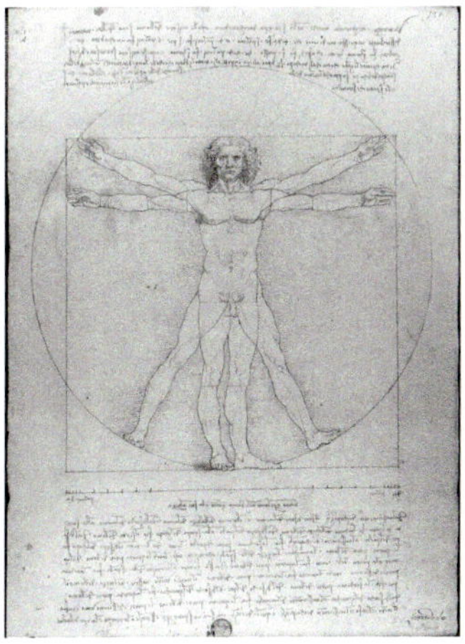

또한 조각 작품 속에도 황금비를 찾을 수 있는데 밀로의 비너스상과 미켈란젤로의 다비드상 등에서 확인할 수 있다.

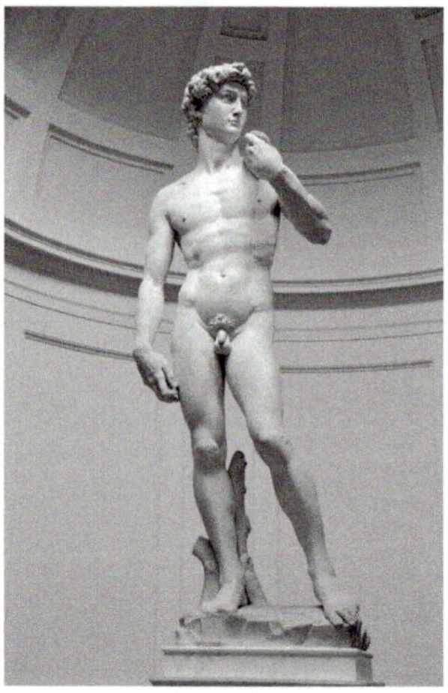

또 사람의 인체 속에서도 황금비를 찾을 수 있는데, 우리 손가락 마디의 길이들을 비교하면 대체적으로 황금비에 가깝다.

● 정오각형과 황금비

정오각형에서도 황금비를 찾아볼 수 있다. 정오각형의 한 변의 길이를 a라 하고, 대각선의 길이 b라 하면 $\frac{b}{a} \approx 1.618$이 됨을 알 수 있다. 또한 정오각형의 5개의 대각선을 이어 만든 별에서도 교차하는 선분들 사이의 교차점이 모두 황금분할을 한다는 것을 알 수 있다.

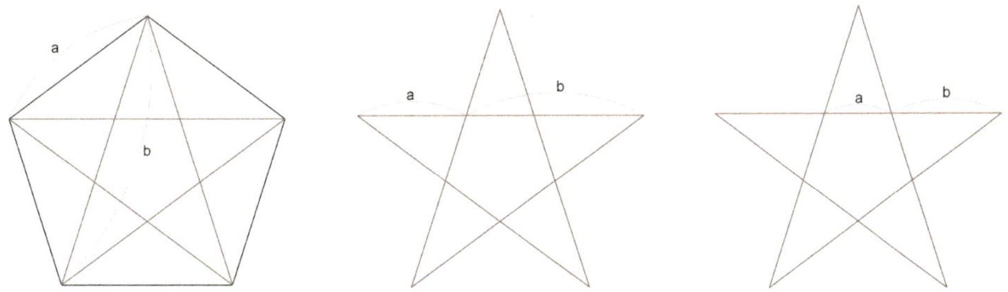

황금직사각형은 가로 세로의 비가 황금비가 되는 사각형으로 가장 안정적인 구조를 갖는 직사각형이다.

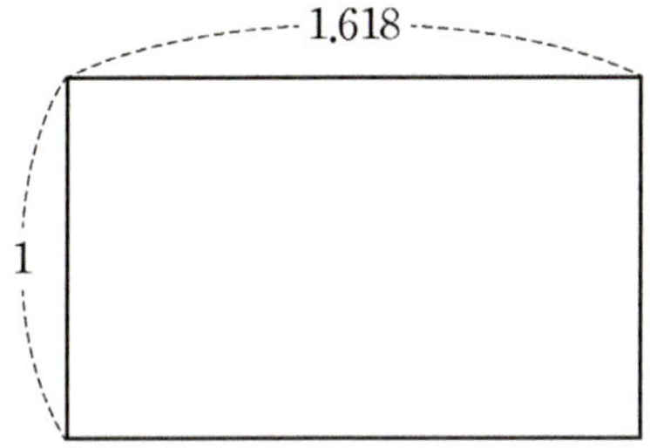

우리가 많이 사용하는 신분증, 운전 면허증, 신용카드나 포인트카드 등의 플라스틱 카드가 모두 같은 사이즈라는 사실은 쉽게 알 수 있다. 실제로 이들이 거의 황금직사각형으로 만들어졌음을 확인할 수 있다. 플라스틱 카드의 가로와 세로의 길이 비가 8.55:5.35이고 그 비율은 1.598로 황금비 1.618과 거의 같음을 알 수 있다. 여기서 오차는 0.02 정도이다. 또 우리가 주고받는 명함도 가로와 세로의 길이 비가 9:5이며, 그 비율은 1.8로 황금비에 가깝다는 사실을 알 수 있다.

황금직사각형에서 세로의 길이(가로와 세로의 길이 비교에서 짧은 쪽)를 변으로 가지는 정사각형을 만들고 남은 직사각형에서 또다시 정사각형을 만드는 과정을 계속하면 정사각형들의 분할이 되는데(그림1) 이 때 각 정사각형들의 사분원을 그려 보면 다음과 같이 황금나선이 그려짐을 알 수 있다. 이러한 황금나선 구조는 자연에서 해바라기 씨의 배열, 선인장의 잎의 배열, 앵무조개 그리고 우주의 은하의 모습 등에서 관찰된다.

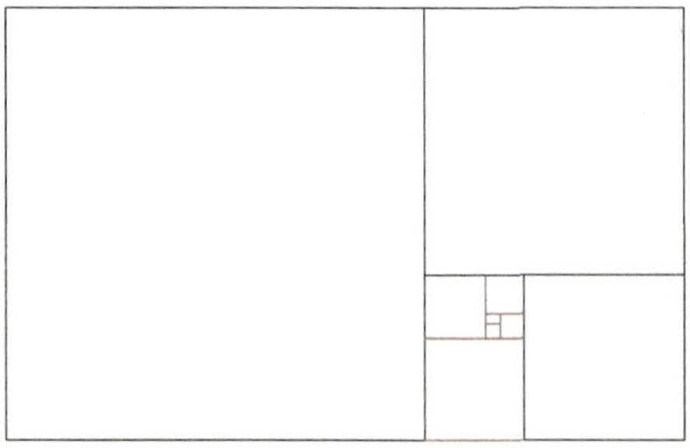

(그림1)

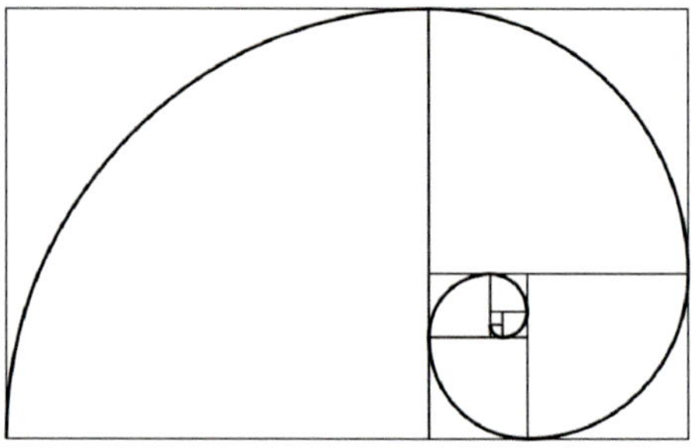

(그림2)

이 황금나선과 유사하게 피보나치수열의 각항(첫항부터)이 한변의 길이가 되도록 정사각형을 만들고 이들을 이어서 차례로 더 큰 직사각형을 만든 후, 그림2와 같이 피보나치나선을 그릴 수 있다. 실제로 피보나치나선이 황금나선에 근사하고 있음을 알 수 있다. 이것은 피보나치 수열의 앞항과 뒷항의 비율이 황금비에 수렴하기 때문이다.

황금비의 적용사례를 살펴보면 고대부터 회화(그림), 조각, 건축 등에 황금비율이 적용되었다고 알려져 있으며, 현대에는 황금비를 이용해서 주식의 최대 이익을 예측할 수 있다고 한다. 황금비율의 마스크 즉 황금마스크를 제작해 성형수술에 이용하고 있고, 또 많은 디자인과 관련된 다양한 분야에서 황금비를 적용하고 있다.

5. 테셀레이션(쪽 맞추기)

벌집은 왜 정육각형일까? 우리는 생활 속에서 다음과 같이 벌집이 정육각형들로 이루어져 있음을 알고 있다.

벌집의 모양은 공동생활을 하는 벌들이 공간을 최대한 넓고 안전하게 이용하기 위해 자연스럽게 만들었다고 볼 수 있는데 이러한 벌집의 모양과 같은 것을 수학에서는 테셀레이션이라고 한다. 테셀레이션은 타일링, 타일 깔기, 또는 쪽매붙임이라고도 하며, 같은 모양의 조각들을 서로 겹치거나 틈이 생기지 않게 늘어놓아 평면이나 공간을 덮는 것을 말한다. 테셀레이션은 우리의 생활 주변에서 많이 활용되고 있는데, 포장지, 궁궐의 단청, 거리의 보도블록, 욕실의 타일 바닥 등에서 쉽게 찾아볼 수 있다. 테셀레이션은 여러 가지 모양들로 나타나는데, 특히 정칙 테셀레이션(regular tessellation)은 한 개의 정다각형만으로 이루어진 테셀레이션으로서 각각의 꼭짓점을 중심으로 이용된 정다각형 배열이 같은 것이 특징이다. 벌집 모양도 정육각형으로 이루어진 테셀레이션이면서 가장 적은 재료로 가장 넓게 방을 만들 수 있는 정칙 테셀레이션이다.

다음은 같은 모양으로 평면을 덮을 수 있는 정칙 테셀레이션들이다.

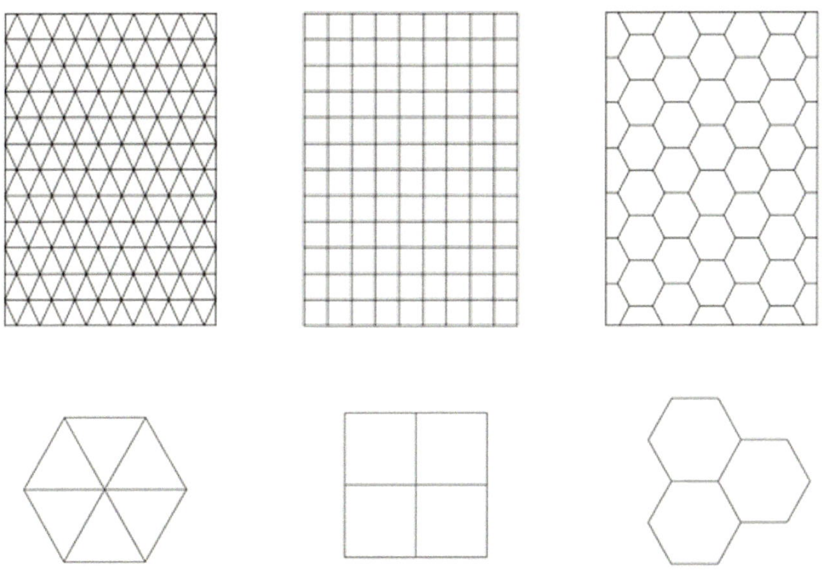

실제로 정삼각형, 정사각형, 정육각형은 정칙 테셀레이션이 가능하나 정오각형이나 원과 같은 도형은 어떠한 방법으로도 빈틈이 생기거나 내부가 겹치게 되어 정칙 테셀레이션이 가능하지 않다.

서로 다른 모양으로 평면을 덮는 테셀레이션은 다양하게 존재하고 여러 가지 형태가 있다.

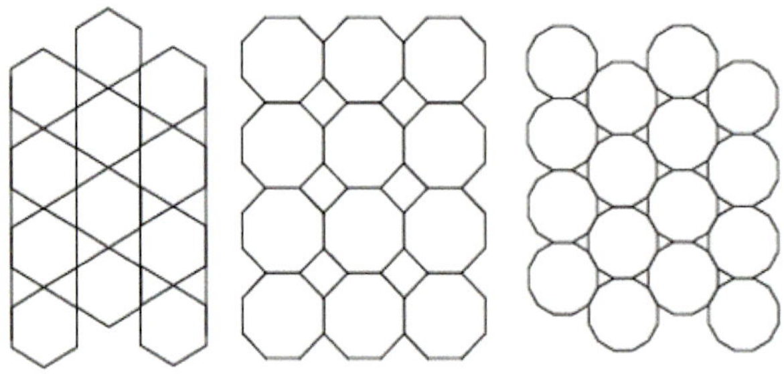

참고자료

1. 정수론, 김응태, 박승안, 경문사.
2. 수학으로의 여행 1, 고석구, 경문사
3. 수학백과, 대한수학회, 2015

PRACTICAL MATHEMATICS

제 4 장

부호 이야기

우주선에서 찍은 사진은 어떻게 지구로 보내어지고, 또 우리는 그 사진을 어떤 방법으로 볼 수 있게 되었을까? 이 질문에서 우리는 부호(코드)를 만나게 된다. 이 장에서는 부호론이 무엇인지 알고 그 응용으로 짝꿍 찾기라는 수학적 게임을 소개한다.

1. 정보전달과정

우주에서 사진을 보내는 경우처럼 서로 메시지를 주고받기로 약속한 사람들 사이에서 보내고자 하는 메시지를 그대로 전달하지 못하는 경우에 메시지를 보낼 수 있는 통신채널을 통하여 보내게 된다. 부호론은 정보전달 과정에서 꼭 필요한 중요한 개념으로 1948년 Shannon의 논문에서 시작되어 많은 연구가 진행되었고, 1965년 화성 착륙선 마리너(Mariner) 4호가 화성 사진을 지구로 전송하는 데 이용되었다. 그 당시 화성 사진 한 장의 가로와 세로를 각각 100등분 하여 10,000개의 직사각형으로 세분하고 이들 각 직사각형의 밝기를 2^6등분하여 밝은 정도에 따라 흰색은 000000으로, 검은색은 111111로 부호화하였다.

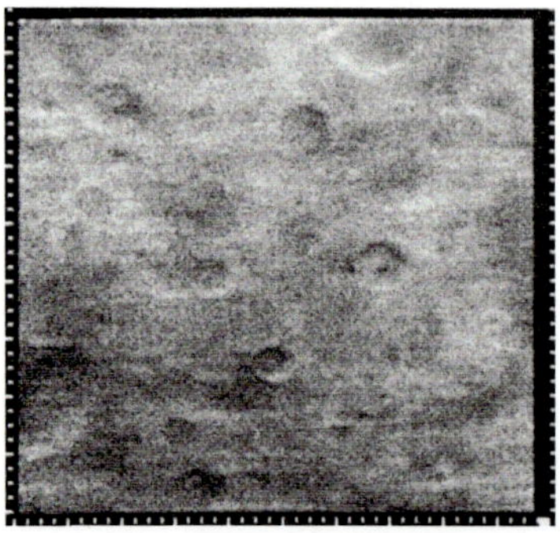

마리너 4호가 찍은 화성의 분화구

(사진 – https://nssdc.gsfc.nasa.gov/imgcat/hires/m04_09d.gif 참고)

부호이론은 통신채널을 통한 신속하고 정확한 정보전달을 목표로 하고 있다. 따라서 정보전달 과정에서 제3자(타인)가 메시지나 정보를 획득하지 못하게 하는 보안이나 비밀유지 기능보다 신속 정확한 정보전달을 가능하게 하는 좋은 부호를 찾는 것이 관심의 대상이다. 다음은 정보 전달 과정이다.

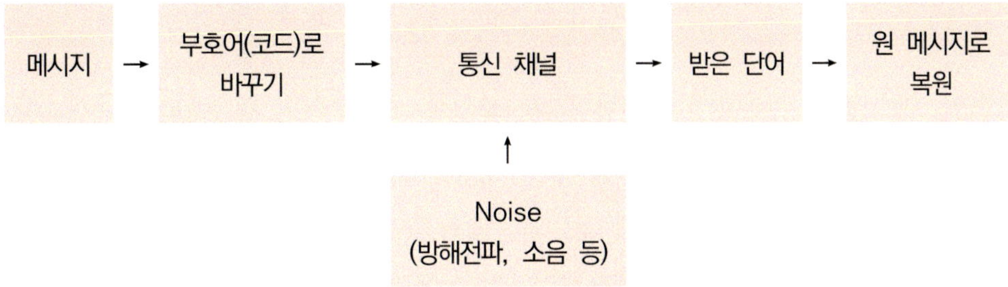

정보전달과정(Information Transmission)

송신자와 수신자 사이에 전달하고자 하는 메시지를 직접 전달하지 못하고 통신 채널을 통해 보내게 되는데 이때 원래 메시지를 통신 채널을 통할 수 있는 적당한 부호어로 바꾸는 것을 부호화(encoding)라고 하고 부호화된 단어를 받아 원래의 메시지로 복원하는 것을 복호화(decoding)라고 한다. 또 메시지가 통신 채널을 통과할 때 소음이나 방해전파 등에 의해 원래의 메시지가 아닌 다른 단어가 전달되는 오류(error)가 발생할 수 있다. 통신 과정에서 오류가 발생했음을 쉽게 알고 그 오류를 수정할 수 있는 부호를 오류정정부호(error correcting code)라 한다. 실제로 정보전달 과정에서 부호화와 복호화가 쉽고 편리한 '좋은' 오류정정부호를 찾는 것이 부호론의 중요한 문제이다.

부호란 정보전달과정에서 메시지를 송신자(보내는 사람)와 수신자(받는 사람)가 서로 사용하기로 약속된 단어, 부호어(codeword)들의 집합이다. 이 부호어는 정해진 기호들의 나열로 만드는데, 주로 많이 사용되는 것이 0과 1만 사용하여 이들을 적당한 개수만큼 나열하여 부호어들을 만들고 이렇게 만든 부호어들의 집합이 부호 또는 코드(이진부호)가 된다.

2. 부호화 과정과 오류수정

다음 부호화의 예와 오류 수정과정을 살펴보자. 동, 서, 남, 북과 같은 4개의 메시지를 통신 채널을 통해 보내려고 할 때 우리는 원래 메시지를 통신 채널을 통해 전달할 수 없으므로 동, 서, 남, 북에 대응되는 0과 1만으로 이루어진 적당한 부호어로 바꾸어서 보내게 된다. 우리는 대응시킬 부호어에 따라 여러 가지 부호를 생각할 수 있는데 다음 표와 같이 부호 C1에서 부호 C4까지의 4가지의 부호에 각각 대응시키는 경우를 생각해 보기로 하자.

메시지 \ 부호	C1	C2	C3	C4
동	00	000	000000	00000
서	01	011	010101	01011
남	10	101	101010	10110
북	11	110	111111	11101

대학생 A씨가 친구 B씨에게 도서관에서 만나자고 메시지를 보낸다고 하자.
여기서 도서관은 동쪽이고, 매점은 서쪽, 기숙사가 남쪽, 서점이 북쪽이라고 하자.

(1) 동서남북이라는 메시지를 부호 C1={동-00, 서-01, 남-10, 북-11}에 대응시켜 보낸다고 하자.

A씨가 "동(도서관)"이라는 메시지를 보내므로 동쪽에 해당되는 부호어 00을 통신 채널을 통해 보냈다. 그런데 통신 채널을 통과하면서 한 개의 오류가 발생해서 00이 01로 바뀌었다고 하자. 그러면 어떤 일이 생길까?

B씨는 받은 단어가 01이므로 원래 보내기로 약속된 부호 C1에 있는 부호어 01로 생각하고 B씨는 서쪽인 매점으로 가게 될 것이다. 즉, 받은 단어가 부호 C1의 원소, 부호어이므로 전달과정에서 오류가 발생했지만 B씨는 오류가 발생했음을 알아차리지 못한다. 따라서 A씨는 도서관으로, B씨는 매점으로 가게 되어 두 사람은 같은

장소에서 만날 수 없음을 알 수 있다. 즉 C1은 하나의 오류가 생겼을 때 오류가 생겼음을 발견하지 못하는 부호이다.

(2) 동서남북이라는 메시지를 부호 C2={동-000, 서-011, 남-101, 북-110}에 대응시켜 보낸다고 하자.

A씨가 "동(도서관)"에 대응되는 부호어 000을 통신 채널을 통해 보내게 되는데, 보내는 도중에 한 개의 에러가 발생해서 000이 001로 바뀌었다고 하자. 그러면 B씨는 받은 단어가 001이므로 약속된 부호 C2에서 찾아 원래 메시지로 복호화하게 되는데 001은 C2의 원소 즉 약속된 부호어가 아니므로 전송 중에 에러가 발생했음을 알 수 있다. 그러면 여기서 001은 부호 C2에서 어떤 부호어로 바뀌야 하는지 알 수 있을까? 오류가 하나 생겼다고 알고 있으므로 C2의 원소 중에 한자리가 다른 원소가 대응되는 부호어일 것으로 생각할 수 있다. 따라서 부호어 중 101은 첫 번째 자리가 바뀌면 001이 될 수 있고, 또 부호어 011의 두 번째 자리가 바뀌면 001이 된다. 또, 부호어 000도 세 번째 자리가 바뀌면 001이 된다.

B씨가 001이 보낸 메시지가 아니어서 전달과정에서 오류가 생겼다는 사실을 알 수 있어도 A가 보낸 메시지가 101, 011, 000 중에 어느 것이었는지 알 수 없어 오류를 수정(정정)할 수 없다. 따라서 부호 C2는 하나의 오류가 생겼을 때 오류가 발생했음을 알 수 있지만, 오류를 수정할 수는 없는 부호이다.

(3) 동서남북이라는 메시지를 부호 C3={동-000000, 서-010101, 남-101010, 북-111111}에 대응시켜서 보낸다고 하자.

A씨가 "동(도서관)"에 대응되는 부호어 000000을 통신 채널을 통해 보내게 되는데, 보내는 도중에 한 개의 오류가 발생해서 000000이 000001로 바뀌었다고 하자. 그러면 수신자 B씨는 받은 단어가 000001로 원래 보낼 수 있는 부호 C3의 원소가 아니라는 것을 금방 알 수 있으므로 전송 중에 오류가 발생했다는 사실을 알 수 있다. 그러면 오류가 하나 발생했음을 알 때 000001은 어떤 부호어가 한자리 바뀐 것인지 알 수 있을까? 한 개의 오류가 발생했으므로 000001의 한자리가 다른 6개의 단어 100001, 010001, 001001, 000101, 000011, 000000이 있다.

이 중에서 C3의 원소는 000000뿐이므로 B씨는 A씨가 000000을 보내려다 한 개의 오류가 발생해서 000001이 왔음을 알아채고 도서관으로 갈 수 있어 A씨와 B씨는 약속 장소에서 만날 수 있다. 즉 C3는 한 개의 오류가 발생함을 알고 오류도 수정할 수 있는 부호이다.

(4) 동서남북이라는 메시지를 부호 C4={동-00000, 서-01011, 남-10110, 북-11101}에 대응시켜 보낸다고 하자.

A씨가 "동(도서관)"에 대응되는 부호어 00000을 통신 채널을 통해 보내게 되는데, 보내는 도중에 한 개의 오류가 발생해서 00000이 00001로 바뀌었다고 하자. 그러면 수신자 B씨는 받은 단어가 00001로 원래 보낼 수 있는 부호 C4의 원소가 아니므로 전송 중에 오류가 발생했다는 사실을 알 수 있다. 그러면 오류가 하나 발생했음을 알 때 00001은 C4의 어떤 부호어가 한자리 바뀐 것인지 알 수 있을까? 한 개의 오류가 발생했으므로 00001의 한자리가 다른 5개의 단어를 모두 써보면 10001, 01001, 00101, 00011, 00000이 있다. 이 중에 C4의 원소는 00000뿐이므로 B씨는 A씨가 00000을 보냈는데 한 개의 오류가 발생해서 00001이 왔음을 알고 00000에 대응하는 도서관으로 갈 수 있어 A씨와 B씨는 약속 장소에서 만날 수 있다. 또 C4는 C3과 마찬가지로 하나의 오류는 발견할 수 있고 또 수정할 수 있는 부호이다.

부호들 C1에서 C4는 모두 0과 1만으로 부호어를 만든 이진부호들이고 또 부호어들을 만들 때 사용한 0과 1의 개수가 C1은 2개, C2는 3개, C3은 6개, C4는 5개이다. 이때 하나의 부호어를 만들 때 사용한 0과 1의 개수를 부호의 길이라고 한다. 따라서 C1은 길이가 2, C2는 길이가 3, C3은 길이가 6, C4는 길이가 5인 부호라고 한다.

또 (1)에서 (4)까지의 경우에서 메시지를 부호화할 때 부호 C3과 부호 C4는 둘 다 하나의 오류가 생겼을 경우 오류가 생겼음을 발견할 수 있고 또 오류를 수정할 수 있다. 한 개의 오류를 발견하고 수정할 수 있다는 점에서 같은 기능을 가진 부호들이지만 부호 C3은 길이가 6이고, C4는 길이가 5이므로 오류를 수정하는 기능이 같다면 길이가 짧은 부호 C4가 경제적으로 좋은 부호이다. 즉 C1에서 C4까지의 부호 중 가장 좋은 부호는 C4임을 알 수 있다.

3. 이진부호

이진부호 (binary linear code, 또는 이진선형부호)는 0과 1만으로 이루어진 부호어들의 집합으로, 이 집합은 덧셈에 대해 닫혀 있다. 집합이 덧셈에 대해 닫혀 있다는 것은 집합의 어떤 두 개의 원소들끼리의 합도 그 집합의 원소가 될 때이다. 이진부호에서 부호어에 나타난 0과 1사이에 다음과 같이 덧셈을 정의한다.

+	0	1
0	0	1
1	1	0

여기서 실수에서의 연산과 달리 1+1=0임에 주의하자.

길이가 4인 두 부호어 0011과 1010의 덧셈 +은 각각 대응되는 자리에 있는 수의 합으로 정의한다. 즉 0011+1010=1001이고 0011+0011=0000이다.

예제 1 서로 다른 부호어 0011과 1010을 부호어로 가지는 이진부호와 그 길이를 구하여라.

풀이 부호어가 0과 1을 4번 써서 만들어지므로 길이가 4이다. 또 0011과 1010을 부호어로 가지는 이진부호는 덧셈에 닫혀 있어야 한다. 따라서 두 부호어를 이용하여 가능한 모든 덧셈을 생각해 보자.
0011+1010=1001, 0011+0011=0000, 1010+1010=0000, 0000+0011=0011, 0000+1010=1010 등으로 덧셈하여 생긴 부호어를 모두 모아 집합으로 쓰면 {0000, 0011, 1010, 1001}이 되고 이것은 길이가 4인 이진부호이다.

정리하면 이진부호의 길이를 n이라 할 때, 이 n은 각 부호어를 만들 때 사용한 0과 1의 개수이고, 이진부호는 덧셈에 대해 닫혀 있는데 그 개수는 항상 2^k개의 부호어(원소)로 구성되어 있다. 이때 k를 부호의 차원이라 부른다. 부호어 가중치(weight)는 부호어에 나타난 1의 개수를 말한다. 예를 들어 10101의 가중치는 3이다. 또 이진부호에서 최소거리 d는 부호어의 영 아닌 가중치 중에서 가장 작은 가중치의 값을 말한다. 여기서 부호의 길이 n, 부호의 차원 k, 부호의 최소거리 d를 써서 $[n, k, d]$ 이진부호라고 표현한다. 예제 1에 나온 부호는 길이 $n=4$, 원소의 개수가 4개로 $4=2^2$이므로 차원 $k=2$, 그리고 영 아닌 가중치 중 제일 작은 값이 2이므로 $[4, 2, 2]$ 이진부호이다. 또한 예제 1에서와 같이 서로 다른 부호어 k개로 이진부호를 만들면 부호어의 개수는 2^k개가 되고 이 때 k는 부호의 차원이 됨을 알 수 있다.

문제 1 이진부호어 11100110과 10110101을 더한 (1) 부호어를 구하고, (2) 그 가중치를 구하여라.

예제 2 이진부호 $\{00000,\ 01011,\ 10110,\ 11101\}$에 대해 n, k, d를 모두 말하여라.

풀이 각 부호어에 쓰인 0과 1의 개수가 5개이므로 길이는 5, 즉, $n=5$이고, 이진부호의 원소의 개수가 4개로 $4=2^2$이므로 $k=2$이다. 또 각각의 부호어의 가중치가 0, 3, 3, 4이므로 영 아닌 가중치의 최소값 $d=3$이다. 따라서 이것은 $[5, 2, 3]$ 이진부호이다.

이진부호에서 최소거리 d는 정보전달 과정에서 일어날 수 있는 오류(error)에 대해 수정할 수 있는 오류의 개수를 결정해 준다. 즉 수정할 수 있는 오류의 개수는 $\left[\frac{d-1}{2}\right]$개임이 알려져 있다. [ ]은 가우스 기호로 기호 안의 수보다 크지 않는 최대 정수를 말한다. 따라서 예제 2의 부호는 최소거리 $d=3$이므로 $\left[\frac{3-1}{2}\right]=\left[\frac{2}{2}\right]=1$로 한 개의 오류를 수정할 수 있다.

문제 2 두 개의 부호어 111000, 000111을 이용하여 이진부호를 만들고 n, k, d를 찾고, 수정할 수 있는 오류의 개수를 말하여라.

문제 3 최소거리 $d=7$인 이진부호는 몇 개의 오류를 수정할 수 있는가?

예제 3 1000011, 0100101, 0010110, 0001111의 서로 다른 4개의 부호어를 이용하여 이진부호를 만들어라.

풀이 서로 다른 4개의 부호어들을 덧셈하여 나온 단어들을 모두 이진부호의 원소가 되게 하면 $2^4=16$개의 부호어가 생긴다. 실제로 그것은 다음과 같이 16개의 원소를 가진 이진부호이다.

{1000011, 0100101, 0010110, 0001111, 1100110, 1010101, 1001100, 0110011, 0101010, 0011001, 1110000, 1101001, 1011010, 0111100, 1111111, 0000000}

이 이진부호는 길이 $n=7$이고 $16=2^4$개의 부호어를 가지므로 차원 $k=4$이다. 또 16개의 이진부호어들의 가중치를 구해보면 0, 3과 4이다. 그 중 영 아닌 최소의 값, 즉 최소거리 $d=3$이다. 따라서 이 부호는 [7, 4, 3] 이진부호이다.

예제 3에서 만든 [7, 4, 3] 이진부호는 미국의 수학자 리처드 해밍(Richard Wesley Hamming, 1915~1998)이 고안한 것으로 이진해밍부호라고 부른다. 해밍은 수학자로서 전산수학과 정보통신이론에 크게 기여하였고, 이진해밍부호와 해밍거리 등을 만들어서 정보통신 분야에 공헌하여 1968년 튜링상을 수상하였다. 실제로 이진해밍부호는 $d=3$이므로 1개의 에러를 수정할 수 있는 오류수정부호로서 좋은 부호이다.

해밍부호어를 다음과 같은 벤다이어그램을 이용하여 나타낼 수 있다. 해밍부호어는 길이가 7이므로 1부터 7까지의 수를 쓰고 각각의 해밍부호어의 1이 있는 자리에 색칠하고 0이 있는 자리에는 색칠하지 않는 대응을 생각하자. 해밍부호어 하나에 대응하는 색칠한 벤다이어그램이 생기고 이것을 해밍카드라 하자. 그러면 해밍부호어에 대응되는 해밍카드를 만들고 해밍카드와 한 개의 색이 다른 짝꿍 카드들을 만들 수 있다.

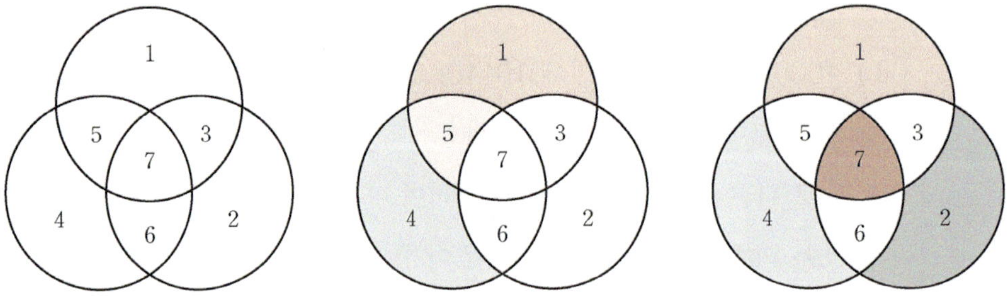

1001100 (해밍부호어)　　1101001 (해밍부호어)

이러한 원리를 이용하여 서강대학교 수학과 김종락 교수는 '짝꿍을 찾아라'라는 카드게임을 만들었다. 이 게임은 해밍부호어 12개에 대응하는 해밍카드 12장과 각각의 해밍카드와 한 개의 색만 다른 36장의 짝꿍 카드를 만들어 총 48장의 카드로 짝꿍 카드를 빨리 찾는 수학게임이다. 부호론에서 가장 잘 알려진 이진해밍부호를 이용하여 카드게임을 만들어 부호론을 전혀 알지 못하는 사람도 이 게임을 이해하고 즐길 수 있다.

이와 같이 어렵고 복잡하게만 생각되던 수학적 내용이 일반인들도 쉽게 이해하고 즐길 수 있는 재미있는 게임으로 응용될 수 있다. 실제로 우리가 알고 있는 많은 수학이론들도 일상생활에서 쉽고 재미있게 응용될 수 있는데 어떤 방법으로 표현하고 응용할 것인가는 각 개인의 아이디어에 달려있다.

참고자료

1. 수학은 생활이다. 박형빈, 경문사

2. 암호학과 부호이론, 박승안, 경문사, 2003

3. 정수론, 김응태, 박승안, 경문사

제 5 장

암호 이야기

1. 암호

암호는 보내고자 하는 메세지를 전달하는 동안에 제3자가 알지 못하도록 내용을 글자·숫자·부호 등으로 변경하는 것을 말한다. 이러한 암호는 군사상의 목적으로 많이 이용되어 왔다. 그러나 요즘에는 컴퓨터와 정보통신의 발달로 전자상거래나 금융, 전자우편 등에 이용되고 있다. 그래서 현대사회에서는 더욱 암호의 중요성과 응용성이 강조되고 있는데, 전달할 내용을 어떤 형태로 적절히 암호화하고 그것을 해독해 낼 것인가를 연구하는 암호학의 연구가 활발하게 진행되고 있다.

초기의 암호는 메시지 보안에 초점이 맞추어져 군사 또는 외교적 목적으로 사용되었지만, 현재는 메시지 보안 이외에도 인증, 서명 등을 암호의 범주에 포함시켜 우리의 일상에서 떼 놓을 수 없는 중요한 분야가 되었다. 현금지급기의 사용, 컴퓨터의 패스워드, 전자상거래 등은 모두 현대적 의미의 암호에 의해 안정성을 보장받고 있다.

암호학에는 암호화기법(cryptography)과 암호해독기법(cryptanalysis)이 있다. 암호화기법은 안전한 암호체계를 설계하는 분야이고, 암호해독기법은 기존의 암호체계를 해독하는 방법을 연구하는 분야이다. 여기에 사용되는 수학적인 기법은 정수론의 내용이 많이 사용되고 있는데 그중에서 소수에 관한 내용이나 진법, 합동식 그리고 유클리드 호제법 등을 들 수 있다.

암호의 기능은 크게 보호기능과 인증기능으로 나눌 수 있다. 보호기능이란 정보가 노출된다고 하여도 키가 없는 한 그 정보의 의미를 알 수 없도록 하여 정보를 보호하는 것이다. 또 계약이나 송금 등을 행하는 서비스업에서 서명은 중요한 요소이다. 전자우편이나 전자송금과 같은 새로운 형태의 데이터 통신에서 문서의 서명에 해당되는 정보 및 송수신자 간의 인증기능을 갖추는 일은 중요하다. 일반적으로 인증은 메시지 인증, 사용자 인증, 디지털서명이 있다.

2. 정보전달과정

암호학에서 정보전달 과정은 다음과 같이 부호론과 유사하지만, 중요한 점은 제3자가 전송된 암호문을 해독하지 못하도록 보호하는 것이다.

메시지 (평문)	–	암호화 Key 필요	–	통신 채널 암호문	–	복호화 Key 필요	–	원 메시지로 복원
				↑				
				제3자가 획득				

암호의 역사는 1세대에서 3세대 암호로 나누어 볼 수 있다. 1세대 암호는 고대 그리스부터 19세기 말까지의 고전 암호로 전치 암호, 이동 암호, 대입 암호, 치환 암호, 대치 암호, 아핀 암호 등이 있다. 2세대 암호는 20세기 전반부터 제2차 세계 대전까지의 암호로서 기계 암호이다. 여기서 기계는 에니그마라는 기계를 이용하여 메시지를 암호화하고 해독할 때도 에니그마에 의해 해독하는 것을 말한다. 3세대 암호는 현대 암호로 2차 세계 대전이 끝난 뒤의 암호를 말하고 크게 비밀키 암호와 공개키 암호가 있다.

3. 1세대 암호(고전 암호) - 19세기 말까지의 암호

(1) 스키테일 암호

최초의 암호이면서 스파르타시대의 전쟁 시에 사용된 암호를 말한다. 그 원리는 일정한 너비의 종이테이프를 원통(막대)에 서로 겹치지 않도록 감아서, 그 테이프 위에 세로쓰기로 통신문을 기입하는 방식이며, 그 테이프를 풀어 보아서는 기록내용을 전혀 판독할 수 없도록 고안된 암호이다. 실제로 막대가 없더라도 몇 가지 규칙에 따라 배열을 확인해 보면 쉽게 내용을 알게 된다.

만니호게다나다에공기서여대부대반러해해가갑분즐봅듣습암겁시요

↓

만나서 반갑습니다 여러분 암호에 대해 즐겁게 공부해 봅시다 기대 가득요

스키테일 암호에 쓰인 수학적 아이디어는 메시지에서 사용한 문자들의 위치를 어떤 일정한 규칙에 의해 뒤섞어서 적이 알지 못하게 한 것이다. 이처럼 숫자나 문자의 위치를 바꾸어서 원래의 메시지를 알 수 없게 하는 방법을 전치 암호라 한다.

(2) 시저 암호

스키테일 암호가 문자의 배열을 바꾸어 암호화하였다면, 율리어스 시저가 이용한 암호는 메시지에 사용한 문자를 다른 문자 기호 또는 숫자로 바꾸어서 보내는 것이다. 그 원리는 전달받고자 하는 통신문의 글자(알파벳)를 그대로 사용하지 않고 그 글자의 알파벳을 약속한 순서대로 알파벳을 바꾸어서 보낸다.

평문	a	b	c	d	e	f	g	h	i	j	k	l	m	n	o	p	q	r	s	t	u	v	w	x	y	z
암호화 (3칸)	x	y	z	a	b	c	d	e	f	g	h	i	j	k	l	m	n	o	p	q	r	s	t	u	v	w

예제 1 표에 제시된 시저의 암호화 방법으로 I love you를 암호화 해보자. 여기서 암호화된 문장은 띄어쓰기하지 말자.

풀이 표에서 I love you에 대응되는 각각의 문자를 찾아 그대로 띄어쓰기 없이 나타내면 filsbvlr로 암호화됨을 쉽게 알 수 있다.

문제 1 앞서 나온 표에서 제시하고 있는 시저의 암호화 기법을 사용해서 받은 암호문이 qebtlkabocritloialcjxqebjxqfzp일 때 이것의 원래 메시지는 무엇인지 복호화하시오.

문제 2 시저 암호기법은 총 몇 가지나 있을까? 가능한 모든 방법을 생각하자.

(3) 아핀 암호

알파벳 a에서 z까지를 00에서 25까지의 수로 대응을 시킨 수를 이용한 암호화 기법이다. 알파벳을 수에 대응시키면 수학에서의 연산들을 이용하여 여러 가지 암호화 기법을 개발할 수 있는 장점이 있다. 그 원리는 알파벳을 수와 대응을 시키고 어떻게 암호화할 것인가를 약속한다. 이 약속에 따라 암호화하여 보내고 이것을 Key라고 부른다.

평문	a	b	c	d	e	f	g	h	i	j	k	l	m	n	o	p	q	r	s	t	u	v	w	x	y	z
숫자 대응	00	01	02	03	04	05	06	07	08	09	10	11	12	13	14	15	16	17	18	19	20	21	22	23	24	25

예제 2 I love you를 암호화 하여라. 여기서 암호화 방법(Key)은 대응되는 수에 +4를 해서 나온 숫자에 해당하는 문자로 치환하여 보낸다.

풀이 I love you → 알파벳을 수에 대응 → 0811142104241420

$\xrightarrow{+4}$ 1215182508281824 → 대응되는 알파벳으로 바꾸기

→ mpszicsy

여기서 알파벳에 대응시킬 숫자가 0에서 25까지 뿐이므로 26부터 차례로 a부터 다시 대응시키는 규칙을 적용하면, 28은 02에 해당된다. 즉, 26이 되면 다시 처음으로 돌아가 00이 되는 규칙이다. 따라서 26 이상의 수는 그 수에서 26을 뺀 수에 대응이 됨을 알 수 있다. 즉, 앞에서 배운 합동식으로 표현하면 $26 \equiv 0 \pmod{26}$이다.

문제의 암호화 과정을 수식화하면 $x \to x+4$에 대응됨을 알 수 있다.

문제 3 아핀 암호화에서 +4로 대응시킨 암호화 기법을 통해 받은 메시지가 qexliqexmqw라고 하자. 암호문을 복호화하여 원래 메시지가 무엇인지 말하시오.

아핀 암호에서는 $x \rightarrow \alpha x + \beta$라는 대응을 생각하고 이 일차식에 의한 대응이 1대 1일 대응이 되게 하는 α, β의 개수만큼 암호화 기법이 생긴다. 특히, $\alpha = 1$일 때의 아핀 암호는 시저 암호와 동일하다. 따라서 아핀 암호는 시저 암호의 일반화이다.

예제 3 아핀 암호에서 $\alpha = 3$이고 $\beta = 5$로 아핀 암호화를 할 때 26개의 알파벳의 대응표를 만들어라.

풀이 먼저 알파벳 a부터 z까지에 부여된 숫자를 이용하여 변환된 문자열을 만들어서 암호화하자. $x \rightarrow 3x + 5$인 대응을 생각하므로 각각의 알파벳은 다음과 같이 대응됨을 알 수 있다.

$a \rightarrow 0$이고 이를 암호화하면 $3 \times 0 + 5 = 5$가 되고 $5 \rightarrow f$가 된다. 즉, $a \rightarrow f$이다. 또 $b \rightarrow 1$을 암호화하면 $3 \times 1 + 5 = 8$이 되고 $8 \rightarrow i$가 된다. 즉, $b \rightarrow i$에 대응된다. 이와 같은 과정으로 대응되는 알파벳과 수의 대응을 찾아서 표를 만들면 다음과 같다.

알파벳	a	b	c	d	e	f	g	h	i	j	k	l	m	n	o	p	q	r	s	t	u	v	w	x	y	z
수대응	0	1	2	3	4	5	6	7	8	9	10	11	12	13	14	15	16	17	18	19	20	21	22	23	24	25
	위 수들을 $3x+5$에 대응되는 수로 암호화 하자																									
암호화	5	8	11	14	17	20	23	26	29	32	35	38	41	44	47	50	53	56	59	62	65	68	71	74	77	80
	5	8	11	14	17	20	23	0	3	6	9	12	15	18	21	24	1	4	7	10	13	16	19	22	25	2
대응 알파벳	f	i	l	o	r	u	w	a	d	g	j	m	p	s	v	y	b	e	h	k	n	q	t	w	z	c

예제 4 아핀 암호 $x \rightarrow 3x + 5$로 암호화된 암호문이 irfnkdunm일 때 원문 메시지를 구하시오.

풀이 먼저 앞에 나온 표를 이용하여 암호문 irfnkdunm을 원문으로 쉽게 복호화할 수 있다. 즉 표에서 대응되는 암호화한 알파벳을 찾아 원래 알파벳으로 바꾸면 쉽게 beautiful이 됨을 알 수 있다.

그러나 이러한 표를 활용할 수 없는 경우에는 $x \to 3x+5$로 암호화 과정을 역으로 계산하는 방법을 생각해야 한다. 따라서 $3x+5$였던 수가 원래 어떤 수인지를 찾는 과정은 바로 역함수를 찾는 것과 같음을 알 수 있다. 따라서 암호화의 수 x는 원래 $\frac{x-5}{3}$인 수에 대응됨을 알 수 있다. 따라서 $i=8$을 복호화 $\frac{x-5}{3}=\frac{8-3}{3}=1 \to b$로 복호화된다.

$r=17 \to \frac{17-5}{3}=4 \to e$, $f=5 \to \frac{5-5}{3}=0 \to a$로 복호화된다.

그런데 $k=10$의 경우 같은 방법으로 복호화 해보면

$k=10 \to \frac{10-5}{3}=\frac{5}{3}$로 분자가 3의 배수가 아니다. 이때에는 $26=0$이 되는 대응이 이루어지므로 3의 배수가 되는데 필요한 만큼 0을 더해줄 수 있다. 즉 26의 배수를 더해서 계산이 되도록 만들어 복호화 하면 된다. 즉 분자의 값이 $5 \equiv 5+26 \equiv 5+26 \times 2 \equiv \cdots \bmod 26$ 이므로 이중 3의 배수인 $5+26\times 2=57$을 선택하여

$k=10 \to \frac{10-5}{3}=\frac{5}{3} \equiv \frac{57}{3}=19 \to t$로 복호화한다는 것에 유의하자.

이와 같은 방법으로 복호화하면 beautiful을 찾을 수 있다.

암호화 과정에 알파벳 26자를 0에서 25까지의 수에 대응시킬 때 합동식 $26 \equiv 0 \bmod 26$, 즉 26을 0으로 생각하여 계산하는 것은 자연스러운 대응임을 알 수 있다. 따라서 암호화 과정에서 26보다 큰 수를 0과 25 사이의 수로 대응시키거나 해독과정에서 계산상 필요할 때 26을 여러 번 더해서 계산이 되도록 할 수 있음에 유의하자.

아핀 암호화에서 $x \to \alpha x + \beta$ 꼴로 암호화할 때 26개의 알파벳이 각각 일대일 대응관계가 있도록 암호화해야 복호화(해독)가 가능하다. 아핀 암호화에서 α의 값에 따라 일대일 대응이 달라짐을 예제 5에서 확인할 수 있다.

예제 5 $13x+3$인 아핀 암호화 기법을 사용한다면 26개의 알파벳의 대응표를 만들어라. 여기서 $\alpha=13$은 26과 서로소가 아니다.

풀이 알파벳에 대응되는 표를 만들어 보면 다음과 같다.

알파벳	a	b	c	d	e	f	g	h	i	j	k	l	m	n	o	p	q	r	s	t	u	v	w	x	y	z
수대응	0	1	2	3	4	5	6	7	8	9	10	11	12	13	14	15	16	17	18	19	20	21	22	23	24	25
	위 수들을 $13x+3$에 대응되는 수로 암호화 하자																									
암호화	3	16	3	42	55	68	81	94	107																	
	3	16	3	16	3	16	3	16	3	16	3	16	3	16	3	16	3	16	3	16	3	16	3	16	3	16
대응 알파벳	d	q	d	q	d	q	d	q	d	q	d	q	d	q	d	q	d	q	d	q	d	q	d	q	d	q

위 대응표에서 알 수 있듯이 $13x+3$으로 대응시키면 a부터 z까지의 모든 알파벳으로 암호화가 되지 않고 d와 q로만 암호화가 된다. 즉, a에서 z까지의 알파벳을 대응시킨 알파벳은 일대일 대응관계가 아니고 이러한 대응으로 암호화하면 해독할 수 없게 된다.

예제 5에서와 같이 $\alpha x+\beta$ 꼴의 아핀 암호화 기법에서 α는 26과 서로소인 수만 가능하고 β는 0~25까지의 수가 모두 가능하다는 것을 알 수 있다.

따라서 아핀 암호화에서 일대일 대응이 되도록 하는 α의 값은 26과 서로소인 자연수임을 알 수 있다. 즉 α는 26과의 최대공약수가 1인 자연수이다.

문제 4 아핀 암호화 $x \rightarrow \alpha x+\beta$에서 가능한 암호화 방법은 몇 가지인가? 여기서 $1 \le \alpha \le 25$이고, $0 \le \beta \le 25$이다.

아핀 암호화 기법은 모든 알파벳을 1대1 대응시키는 방법으로 암호화한다. 이것은 원문에서 같은 문자는 암호문에서도 같은 문자로 나타나므로 원문에서 나온 알파벳의 빈도수와 암호문의 알파벳의 빈도수가 동일하다. 따라서 이런 아핀 암호화는 문자의 빈도를 분석해서 해독이 가능하게 된다. 즉 빈도 분석법에 의해 암호 해독이 가능하다는 단점이 있다. 통계학적으로 일반적인 문장에서 빈도가 높은 알파벳의 순서대로 나열하면 다음과 같다.

e → t → a → o → n → s → h → r → d → l → …

따라서 아핀 암호는 통계학적인 빈도를 따져서 암호를 해독하는 빈도 분석법이 가능하므로 보완이 필요하다. 그래서 하나의 문자에 여러 개의 숫자를 대응시켜 그 숫자들을 이용하면 같은 문자라 하더라도 다른 알파벳이 대응되므로 통계학적 빈도를 이용한 암호해독은 불가능하게 된다. 이러한 원리로 비지네르 암호가 있다.

(4) 비지네르(비지넬) 암호

프랑스 외교관 비지네르에 의해 만들어진 암호로 1586년에 발표되었으며 현대 암호화 기법의 기초가 되었다. 아핀 암호와 같이 알파벳을 0~25까지의 수로 대응시킨 후에 평문장에 key 단어를 이용하여 암호화한다. 원리는 먼저 암호문에 사용할 key 단어를 선택한다. 그리고 그 key 단어를 반복해서 나열하고 그 아래에 평문을 나열하여 대응되는 key 단어와 평문장의 알파벳 문자들에 해당되는 숫자를 더해서 나온 숫자에 해당되는 알파벳(문자)으로 변환시키는 기법이다. 이때 key 단어가 중요하다.

예제 6 키(Key) 단어로 love를 선택하고 Mathematics를 비지네르 암호화 기법으로 암호화해 보자.

풀이 비지네르 암호화 기법대로 먼저 key 단어 love를 반복하여 나열하고 그 아래에 Mathematics라는 단어를 나열한다. key 단어와 원문의 단어에 해당되는 수를 더해서 암호화한다. 그것을 표로 나타내면 다음과 같다.

키 (key)	l	o	v	e	l	o	v	e	l	o	v
	11	14	21	4	11	14	21	4	11	14	21
원문	m	a	t	h	e	m	a	t	i	c	s
	12	0	19	7	4	12	0	19	8	2	18
암호문	23	14	40≡14	11	15	26≡0	21	23	19	16	39≡13
	x	o	o	l	p	a	v	x	t	q	n

여기서 $40 \equiv 14$는 $40 \equiv 14 \pmod{26}$ 즉 40을 26으로 나눈 나머지가 14임을 뜻한다. 따라서 mathematics은 xoolpavxtqn으로 암호화됨을 알 수 있다. 여기서 암호문을 해독(복호화)할 때는 순서대로 key 단어에 대응되는 숫자를 뺀 다음 그 수에 대응되는 알파벳으로 해독한다. 이 경우에도 같은 알파벳 m은 x와 a로 각각 다른 알파벳으로 암호화됨을 확인할 수 있다. 그 외에도 같은 a가 o와 v 그리고 t는 o와 x로 암호화됨을 알 수 있고, 또 암호문에서 o는 원문에서 a와 t가 됨을 안다.

이와 같이 비지네르 암호화 기법은 같은 알파벳이라고 하더라도 key 단어에 의해 다른 알파벳에 대응이 되므로 통계적인 방법에 의한 암호해독은 불가능함을 알 수 있다. 즉 해독과정에 빈도 분석법이 통하지 않는다.

문제 5 키(key) 단어가 'love'일 때, 비지네르 암호화에서 'yssxhszohoogsohsgwz'을 해독하시오.

4. 2세대 암호 - 에니그마(수수께끼)

2세대 암호는 기계암호로 1900년대 초반에서 1940년대 중반까지의 사용된 암호로 에니그마를 이용한 암호를 말한다. 에니그마(Enigma)는 제2차 세계대전 당시 독일군의 암호문을 작성하는 기계인 동시에 해독하는 기계이다(사진-Wikimedia-Images from Pixabay 참고).

에니그마로 암호화할 때 무한히 긴 key 단어를 이용하는 다중 치환 암호를 전기공학적으로 구현해내는 데에 있다. 자판을 이용하여 암호화할 문장을 입력하면 스크램블러가 돌아가면서 암호화된 문장으로 만들어 램프로 표시한다. 에니그마는 1918년 독일의 기술자 아르투어

세르비우스(Arthur Scherbius, 1878~1929)가 개발했다. 26개의 알파벳 키보드와 3개의 회전판(rotors) 또 10개의 플러그를 끼울 수 있는 플러그판 그리고 암호화된 문자가 나타나는 램프보드 등으로 구성되었다. 3개의 회전자에는 각 26개의 알파벳으로 구성되어 타이핑을 할 때마다 그 회전자가 회전하면서 알파벳이 가능한 경우의 수가 늘어난다. 가능한 에니그마의 개수는 6 × 26 × 26 × 26 × 26 × 26 × 26=1,853,494,656개가 나올 수 있고, 암호문은 158,962,555,217,826,360,000가지나 만들 수 있다고 한다. 또한 에니그마로 만든 암호문은 에니그마로만 해독이 가능하다는 특징이 있다.

제2차 세계대전은 1939년 9월 1일부터 1945년 9월 2일까지 6년간의 전쟁으로 독일의 히틀러가 이끄는 나치 독일군이 폴란드를 침공하면서 시작되어 1945년 8월 15일 일본 히로시마에 원폭을 투하하여 일본이 항복함으로서 끝났다. 이 전쟁은 인류 역사상 가장 많은 인명 피해와 재산 피해를 남겼다.

에니그마는 제2차 세계대전 당시 독일군이 암호문을 만들고 해독하는 기계로서 영국을 비롯한 연합국은 에니그마로 만든 독일의 암호문을 해독하지 못해 전쟁에서 지고 있었다. 영국은 앨런 튜링(Alan Turing), 토미 플라워스(Tommy Flowers) 등의 과학자, 암호학자, 기술자들을 블레츨리 파크(Bletchley Park)라는 곳에 모아 독일군의 암호해독을 위한 세계 최초의 컴퓨터인 콜러서스(Colossus)를 개발하였다. 이들은 독일군의 암호를 과학적으로 해독하여 제2차 세계대전을 끝내는 데 큰 공헌을 하였다.

5. 3세대 암호 - 현대 암호

현대의 암호는 암호화하는 방법에 따라 비밀키 암호와 공개키 암호로 구분된다.

비밀키 암호는 암호화와 복호화에 사용하는 키(key)가 같아서 키를 비밀로 간직해야 하는 암호체계이다. 즉 하나의 키를 이용하여 암호화와 복호화에 동시에 사용하므로 키 관리 및 보안 유지가 매우 중요하다. 또한 여러 사람이 이 비밀키 암호를 사용할 때는 키의 보안이 중요하며, 누출될 위험성이 크다. 비밀키 암호에는 대표적으로 DES 암호가 있다.

공개키 암호는 암호문을 만드는 키(암호화 키)와 암호문을 푸는 키(복호화 키)가 다르다. 즉, 암호화 키와 복호화 키가 달라서 암호문과 암호화 키를 알고 있어도 암호를 복호화(해독) 할 수 없다. 따라서 여러 사람이 사용하는 경우에 암호화 키는 공개하고 복호화 키는 각 개인마다 다르게 갖도록 해서 공개하지 않고 복호화에 이용하게 되므로 안정적으로 통신이 가능하다. 공개키 암호 중 가장 널리 이용되는 것이 RSA 암호이다.

현대 암호체계에서 현재 가장 널리 사용되고 있는 RSA 암호에 대해 알아보자. RSA 암호는 1978년 메사추세츠 공대의 수학자 리베스트(R. Rivest), 샤미르(A. Shamir)와 아델만(L. Adleman) 3명이 RSA라는 암호화 알고리즘, 즉 공개키 암호 기술을 발명했다. 현재 인터넷에 널리 사용되고 있는 암호기술로서 굉장히 큰 수의 인수분해에는 많은 시간이 필요하지만, 소인수분해의 결과를 알면 원하는 답을 간단히 찾을 수 있는 수학적 원리를 이용하였다. 즉 수학의 체계적인 지식을 이용하여 만든 지금까지 가장 안전하고 실용적인 암호로 자릿수가 많은 수의 소인수분해의 어려움을 기반하여 만든 공개키 암호시스템이다. 그리고 그들의 공개키 암호기술의 안정성을 널리 알리기 위해 자신들이 만든 129자릿수의 자연수를 공개하여 이의 소인수분해를 가장 빨리해 내는 사람에게 상금을 주겠다고 하는 RSA 도전문제를 제시하였다. RSA 도전문제는 자신들이 만든 공개키 암호기술이 세상에서 가장 안전하고 깨기가 어렵다는 것에 대한 자신감이었다. 현재까지 알려진 인수분해 방법으로는 120자리 이상인 수를 인수분해할 수 없다. 따라서 100자리 이상의 소수 두 개의 곱을 이용하여 암호화하면 안정적으로 사용할 수 있다. RSA 암호에서 사용하는 수는 약 200자리 이상의 숫자여서 현재까지는 가장 안정적이고 안전한 암호체계로 알려져 있다.

RSA 암호체계의 원리를 간단히 설명하면 다음과 같다.

① 큰 소수 P와 Q를 선택하고 비공개한다.

② 두 소수의 곱 $M = PQ$은 공개한다.

③ $\phi(M) = \phi(PQ) = (P-1)(Q-1)$과 서로소인 수 E를 선택하고 공개한다. 여기서 $0 < E < \phi(M)$이다.

④ 공개된 수 E에 대해 $EX \equiv 1 \mod \phi(M)$인 자연수 X를 찾아 비공개(복호화 키)한다. 여기서 $0 < X < \phi(M)$이다

⑤ 송신자는 메시지 A를 R로 암호화하는데, 이때 R은 $A^E \equiv R \mod M$을 만족한다.

⑥ 수신자는 R을 ④에서 찾은 복호화 키 X를 이용하여 $R^X \equiv A \mod M$에서 메시지 A를 찾게 된다.

예제 7 $P = 3$와 $Q = 5$일 때 RSA 암호체계로 숫자 2를 암호화하고 복호화 하여라. 여기서는 계산기 없이 계산이 가능한 작은 소수를 선택했다. 실제로는 큰 소수를 사용한다.

풀이 ① 소수 3과 5를 선택하고 이들은 비공개한다.

② $M = PQ = 3 \times 5 = 15$는 공개한다.

③ $\phi(15) = \phi(3 \times 5) = 2 \times 4 = 8$(비공개)과 서로소인 수 $E = 7(< 8)$를 선택하고 공개한다.

④ $7X \equiv 1, \mod 8$인 자연수 $X = 7(< 8)$ 찾아 비공개(복호화키)한다.

⑤ 숫자 2는 $2^7 = 128 \equiv 8 \mod 15$이므로 8로 암호화한다.

⑥ 암호화된 수 8을 받은 사람은 ④에서 구한 자신만이 가진 비밀키 7을 써서 8을 2로 복호화 한다.

즉, $8^7 = 2097152 \equiv 2 \mod 15$이다. 여기서 8^7을 직접 계산하는 것이 아니라 mod 15는 15로 나눈 나머지에 관심을 가지므로

$8^2 = 64 \equiv 4 \mod 15$와 $4^2 \equiv 1 \mod 15$임을 이용하면

$8^7 = 8^2 \times 8^2 \times 8^2 \times 8 \equiv 4 \times 4 \times 4 \times 8 \equiv 1 \times 1 \times 2 \equiv 2 \mod 15$를 쉽게 계산할 수 있다.

예제 8 RSA 암호화에서 공개되는 수가 $M=14$과 $E=5$일 때, 3을 암호화 하여라.

풀이 공개된 수 14와 5를 이용하여 쉽게 3을 다음과 같이 쉽게 암호화할 수 있다. $3^5 = 243 \equiv 5 \mod 14$ 즉, 243을 14로 나눈 나머지가 5이므로 3은 5로 암호화된다.

문제 6 RSA 암호화에서 공개되는 수가 $M=14$과 $E=5$일 때, 4를 암호화 하여라.

문제 7 RSA 암호화에서 공개되는 수가 $M=21$과 $E=5$일 때,

(1) 비공개되는 복호화 키를 구하여라.

(2) (1)에서 구한 복호화 키를 이용하여 암호문 3을 복호화(해독)하면 어떤 수인지 구하여라.

● RSA Factoring Challenge(RSA 인수분해 도전문제)

RSA 인수분해 도전문제는 1991년 3월 18일에 RSA Lab에서 RSA 암호체계의 안정성을 증명하기 위해 제시된 문제로 RSA 암호화에 사용되는 큰 정수의 인수분해를 이용해서 RSA 키를 해독하는 것이 어렵다는 것을 알리기 위한 이벤트였다. 정수의 인수분해 어려움을 확인하기 위한 대회로 100자리에서 140자리의 십진수가 제시되었고 이것을 RSA 수로 불렀다. 이들은 정확히 2개의 소인수를 가진 수들로 인수분해 해야 할 수들의 목록을 발표했고, 제일 먼저 성공적으로 인수분해 한 팀이나 사람에게 상금이 지급됐다. 이벤트 형식으로 시작된 문제였지만 많은 사람들이 관심을 갖고 인수분해를 시도하여 성공한 경우도 있지만, 여전히 많은 RSA 수들이 미해결 문제로 남아 있다. 실제로 RSA Lab은 2007년에 이 도전문제를 종료하였지만 지금도 많은 사람들이 미해결된 RSA 수의 인수분해에 도전하고 있다.

예제 9 다음은 1977년에 제시된 RSA-129인 수, 즉 129자리의 십진수이다. 이 수를 두 개의 소인수로 분해하시오.

> 114381625757888867669235779976146612010218296721242362
> 562561842935706935245733897830597123563958705058989075
> 147599290026879543541

풀이 RSA-129는 1994년 4월에 다음 두 소수의 곱으로 인수분해 되었다.

3490529510847650949147849619903898133417764638493387843990
820577×32769132993266709549961988190834461413177642967992942539798288533

이 인수분해를 위해 600명 이상의 사람들이 1,600대의 컴퓨터로 8개월 동안 풀었다고 한다. 그러나 그것은 하나의 상징적인 케이스일 뿐, 그들이 만든 공개키 암호방식은 일반 컴퓨터로 해독하는 데 상당한 시간이 걸리므로 지금도 여전히 위력을 발휘하고 있다.

6. 현재까지 알려진 가장 큰 소수

수학의 연구 분야에서 정수론은 정수의 성질과 특성을 연구하는 분야로서 수학에서 가장 오래된 분야이다. 정수론에서 기본적인 문제가 소인수분해에 관한 내용이다. 소수란 약수가 1과 자기 자신뿐인 수이다. 이러한 소수 중에서 특별한 형태의 소수가 있는데 그중에 페르마 소수와 메르센 소수가 있다. 페르마 소수는 $2^{2^n}+1$ 꼴 수 중에 소수인 수를 말하고, 특히 p가 소수일 때, 2^p-1 꼴의 수 중에서 소수인 수를 메르센(Mersenne) 소수라 한다(https://www.mersenne.org).

소수 $p=2, 3, 5, 7, 11, 13, 17, 19, \cdots$ 을 차례로 대입하여 2^p-1 꼴이 메르센 소수인지 확인해 보자.

$$2^2 - 1 = 4 - 1 = 3 \text{ (소수)}$$

$$2^3 - 1 = 8 - 1 = 7 \text{ (소수)}$$

$$2^5 - 1 = 32 - 1 = 31 \text{ (소수)}$$

$$2^7 - 1 = 128 - 1 = 127 \text{ (소수)}$$

$$2^{11} - 1 = 2048 - 1 = 2047 = 23 \times 89 \text{ (합성수=소수가 아닌 수)}$$

$$\vdots$$

50번째 메르센 소수 $2^{77,232,917} - 1$은 2018년 1월 3일 발견되었고, 그 자릿수만 23,249,425개이다. 또 51번째 메르센 소수 $2^{82,589,933} - 1$은 2018년 12월 21일 발견되었고, 24,862,048개의 자릿수를 가진다. (https://www.mersenne.org에서 메르센 소수 찾기 프로젝트에 대해서 잘 나와 있다.)

참고자료

1. 수학은 생활이다. 박형빈, 경문사
2. 암호학의 기초, 한국전자통신연구원, 경문사, 1999
3. 암호학과 부호이론, 박승안, 경문사, 2003
4. 정수론, 김응태, 박승안, 경문사
5. https://www.mersenne.org
6. 위키피디아

PRACTICAL MATHEMATICS

제 6 장

생활 속의 확률

우리는 삶을 살아가면서 어떤 것을 선택하거나 결정할 때 확률이나 가능성이 높은 방향으로 선택한다. 로또나 복권, 아파트 청약 등 그 경쟁률을 확인하는 것은 모두 그 당첨 가능성 즉 당첨 확률을 확인하는 것이다. 우리 실생활 속의 확률들을 알아보자.

1. 경우의 수

우리는 매일 일상생활에서 경우의 수를 생각하고 그중에서 최선의 선택을 하며 살아간다. 경우의 수란 어떤 사건이 일어날 수 있는 가능성을 모두 생각한 것을 말한다. 예를 들면 동전을 던질 때 앞면과 뒷면의 2가지의 경우의 수가 있고, 주사위의 던질 때 1에서 6까지의 수가 모두 나타나는 6가지의 경우의 수가 생긴다. 그러나 일상생활에서는 동전의 앞면과 뒷면처럼 정확히 경우의 수가 확정되지 않을 때가 많다. 수학에서 경우의 수를 생각할 때는 모든 사건이 일어날 가능성이 모두 동일하다고 가정하며, 경우의 수는 중복 없이 그리고 빠짐없이 셀 수 있어야 한다.

예제 1 A지점에서 중간에 B지점을 거쳐 C지점까지 갈 수 있는 경우의 수를 생각해 보자.

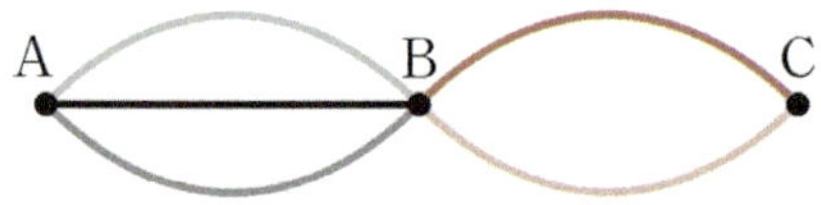

풀이 여기서 A에서 B까지 갈 수 있는 경우의 수가 3가지이고 이 각각의 경우에 대해 B에서 C로 가는 경우의 수가 2가지가 있으므로 총 6가지의 경우의 수가 있다.

문제 1 흰 공 2개와 빨간 공 2개를 나열하는 방법의 수는 몇 가지인가?

문제 2 다음 물음에 답하여라.

(1) 학생 5명 중 2명을 뽑아 학급 위원으로 할 경우 뽑는 경우의 수는?

(2) 학생 5명 중 2명을 뽑아 반장과 부반장으로 하려고 할 때 뽑는 경우의 수는?

서로 다른 n개에서 r를 뽑는 경우의 수는 $\dfrac{n!}{r!(n-r)!}$이고 기호로 ${}_nC_r$로 나타낸다. 여기서 $n!$은 1부터 n까지의 곱을 말한다. 즉 $n! = 1\times2\times3\times\cdots\times n$이다. 예를 들어 $3! = 1\times2\times3 = 6$이고 $5! = 1\times2\times3\times4\times5 = 120$이다. 또한

$${}_nC_r = \frac{n!}{r!(n-r)!} = \frac{n(n-1)\cdots(n-r+1)}{r!} = {}_nC_{n-r}$$

임을 알 수 있다.

2. 확률의 역사

중세 도박사들은 도박에서 이길 수 있는 방법에 대해 생각하는 것이 중요하였다. 확률은 도박사들이 도박에서 이길 수 있는 가능성에 대해 자문을 하는 과정에서 탄생하였다. 17세기 최고의 도박사 드메레가 그의 친구인 수학자 파스칼(1623~1662)에게 도박에서 이길 수 있는 방법을 질문하였는데 파스칼은 드메레의 질문을 페르마(1601~1665)에게 묻고 의논하였다. 이와 같이 드메레의 질문을 수학적으로 해결하고자 하는 과정, 즉 수학자들이 답을 구하는 과정에서 확률론이라는 수학의 분야가 탄생했다.

3. 드메레 문제

드메레의 문제로 알려진 도박문제에 대해 알아보자.

(1) 드메레 도박문제 1

한 개의 주사위를 4번 던졌을 때 적어도 한 번 6이 나오는 것에 내기를 걸면 유리한데, 2개의 주사위를 24번 던졌을 때 적어도 한 번 (6, 6)이 나오는 것에 내기를 거는 것은 왜 불리한가 하는 문제였다. 드메레는 6가지 경우가 있는 주사위 1개를 4번 던지는 것과 36가지 경우가 있는 주사위 2개를 24번 던지는 것은 6:4=36:24로 비가 같기 때문에, 이를 경우의 수로 하는 확률도 같아진다고 생각하였다. 그러나 실제로는 2개의 주사위를 24번 던져서 적어도 한번 (6, 6)이 나오는 경우에 돈을 걸어 손해 보는 일이 많았기 때문에, 드메레는 그 이유를 궁금해 했고 파스칼에게 문의하였다.

(2) 드메레 도박문제 2

두 도박꾼 A, B는 각각 32만 원씩의 돈을 걸어 도박을 하였다. 5번의 게임에서 이길 때마다 1점을 얻는다고 할 때 두 사람 중 먼저 3번을 이겨 3점을 얻으면 64만 원을 갖기로 했다. A는 2점, B는 1점을 득점한 상태에서 게임이 중단되었다. 이때 A와 B는 돈을 어떻게 나누어 가져야 공평한가? 여기서 두 사람의 능력은 같고, 게임이 비기는 경우는 없다고 가정한다.

4. 확률

수학에서 A라는 사건이 일어날 확률을 다음과 같이 정의한다.

$$(A\text{사건이 일어날 확률})=\frac{(A\text{사건이 일어날 경우의 수})}{(\text{가능한 모든 경우의 수})}$$

정의로부터 확률은 항상 0과 1 사이의 값이 되고, 확률은 가능성을 수치화한 것이다.

(1) 드메레 도박문제 1의 해법

한 개의 주사위를 4번 던졌을 때 적어도 한 번 6이 나오는 것에 내기를 걸면 유리하다. 그 이유를 알아보자. 주사위를 한 번 던질 때 6의 눈이 나올 확률은 $\frac{1}{6}$이고, 나오지 않을 확률은 $\frac{5}{6}$이다. 4번 주사위를 던질 때 적어도 6의 눈이 한 번 이상 나올 확률을 찾는 문제와 동일하다. 즉 모든 확률에서 6의 눈이 한 번도 나오지 않을 확률을 제외하면 구하는 확률이 된다. 따라서 주사위를 4번 던질 때의 경우의 수는 $6^4=1296$이고 4번 다 6의 눈이 나오지 않을 경우의 수는 $5^4=625$이므로 4번 모두 6의 눈이 한 번도 나오지 않을 확률은 $\frac{625}{1296}$이다. 따라서 4회 던질 때 6의 눈이 적어도 1번 이상 나올 확률은 $1-\frac{625}{1296}=\frac{671}{1296}$이다. 확률 $\frac{671}{1296}$이 $\frac{1}{2}$보다 크므로 50%보다 커서 이길 확률이 크다. 이것은 파스칼 삼각형과 이항정리로도 설명이 가능하다. 각 경우별로 확률을 다음 표와 같이 구할 수 있다.

1회	2회	3회	4회	6의 눈이 가능한 경우	확률
×	×	×	×	모두 6이 나오지 않을 때	$\left(\frac{5}{6}\right)^4$
○	×	×	×	6이 1번 나올 때	$4\left(\frac{1}{6}\right)\left(\frac{5}{6}\right)^3$
×	○	×	×		
×	×	○	×		
×	×	×	○		
○	○	×	×	6이 2번 나올 때	$6\left(\frac{1}{6}\right)^2\left(\frac{5}{6}\right)^2$
○	×	○	×		
○	×	×	○		
×	○	○	×		
×	○	×	○		
×	×	○	○		
○	○	○	×	6이 3번 나올 때	$4\left(\frac{1}{6}\right)^3\left(\frac{5}{6}\right)$
○	○	×	○		
○	×	○	○		
×	○	○	○		
○	○	○	○	모두 6이 나올 때	$\left(\frac{1}{6}\right)^4$

따라서 구하는 확률은 $\left(\frac{1}{6}\right)^4+4\left(\frac{1}{6}\right)^3\left(\frac{5}{6}\right)+6\left(\frac{1}{6}\right)^2\left(\frac{5}{6}\right)^2+4\left(\frac{1}{6}\right)\left(\frac{5}{6}\right)^3$ 이고,

이항정리 $1=\left(\frac{1}{6}+\frac{5}{6}\right)^4=\left(\frac{1}{6}\right)^4+4\left(\frac{1}{6}\right)^3\left(\frac{5}{6}\right)+6\left(\frac{1}{6}\right)^2\left(\frac{5}{6}\right)^2+4\left(\frac{1}{6}\right)\left(\frac{5}{6}\right)^3+\left(\frac{5}{6}\right)^4$

에서 $1-\left(\frac{5}{6}\right)^4$ 와 같음을 알 수 있다.

그러면 두 개의 주사위를 24번 던졌을 때 적어도 한 번 (6, 6)이 나오는 것에 내기를 거는 것은 왜 불리한가? 주사위 2개를 던져 (6, 6)이 나올 확률은 $\frac{1}{36}$ 이고, 나오지 않을 확률은 $\frac{35}{36}$ 이다.

두 개의 주사위를 24번 던졌을 때 적어도 한번 (6, 6)이 나올 확률은 전체 확률에서 24번 동안 한 번도 (6, 6)이 나오지 않았을 때의 확률을 제외하면 된다. 따라서 구하는 확률은

$$1-\left(\frac{35}{36}\right)^{24}=\frac{11033126465283976852912127963392284191}{22452257707354557240087211123792674816}<\frac{1}{2}$$

이므로 확률이 $\frac{1}{2}$(50%)보다 작아 내기에서 불리함을 알 수 있다.

(2) 드메레 도박문제 2의 해법

5번의 게임에서 먼저 3번을 이기면 판돈 64만 원을 모두 가지는 게임에서 두 도박꾼 A와 B가 각각 2점과 1점을 얻은 상태에서 게임이 중단되었을 때 공평하게 돈을 나누어 가지는 방법에 대해 파스칼과 페르마의 해법을 각각 알아보자.

① 파스칼의 해법

총 5회 중 4회에 A가 이기면 점수는 A : B=3 : 1이므로 A는 64만 원을 갖게 된다. 또 B가 이기면 점수는 A : B = 2 : 2이므로 A와 B는 각각 32만 원씩을 가지면 된다. 이 두 상황을 종합할 때, A는 32만 원을 이미 확보해 놓았고, 나머지 32만원에서 돈을 더 얻을 확률은 $\frac{1}{2}$(반반)이므로 A는 $32+32\times\frac{1}{2}$ = 48만 원, B는 16만 원을 가지면 된다.

파스칼은 자신과 쌍벽을 이루던 수학자 페르마에게 자신의 풀이를 보냈으며, 페르마는 또 다른 방법으로 문제를 해결하였다.

② 페르마의 해법

A가 2점, B가 1점을 득점한 상태에서 게임이 중단되었으므로, 앞으로 남은 2번의 게임에 따라 승패가 달라진다. 이 2번의 게임에서 가능한 모든 경우를 생각해 보면 모두 4가지로, 두 번 모두 A가 이기는 경우, A가 이기고 그다음에 B가 이기는 경우, B가 이기고 나서 A가 이기는 경우, 2번 모두 B가 이기는 경우이다. 이것을 표로 나타내면 다음과 같다.

4회	5회	판정
A	A	A가 이김
A	B	A가 이김
B	A	A가 이김
B	B	B가 이김

이 4가지 경우 중 최종적으로 A가 이기는 경우는 앞의 3가지이고 B가 이기는 경우는 마지막 1가지이다. 따라서 A는 64만 원의 $\frac{3}{4}$인 48만 원을 갖고, B는 $\frac{1}{4}$인 16만 원을 가지면 된다. 페르마는 이 풀이법을 파스칼에게 보냈고, 파스칼은 이 풀이를 보고 '이항정리'로 문제를 다시 풀었다. A가 2점, B가 1점 득점한 경우 승패를 가리기 위해 치러야 하는 게임이 최대 2번이므로, 제곱식 $(A+B)^2=A^2+2AB+B^2$을 이용할 수 있다. 이차식에서 첫째 항 $A^2=AA$와 둘째 항 $2AB$는 A의 승리가 되며, 마지막 항 $B^2=BB$는 B의 승리가 된다. 따라서 A와 B가 승리할 때의 계수는 각각 3과 1이므로, $\frac{3}{4}$이 A가 승리할 확률이며, $\frac{1}{4}$이 B가 승리할 확률이다. 따라서 나누어 가질 돈은 확률에 따라 각각 $64\times\frac{3}{4}=48$만 원과 $64\times\frac{1}{4}=16$만 원으로 나누면 된다.

5. 로또

로또는 1에서 45까지의 수 중에 6개를 본인이 직접 선택하고, 추첨을 통해 결정된 당첨번호와 보너스 번호를 본인이 선택한 번호와 비교하여 일치하는 번호의 개수에 따라 등수를 결정하는 복권 게임이다.

- 1등: 6개의 번호가 모두 일치
- 2등: 5개의 번호와 보너스 번호가 일치
- 3등: 5개의 번호가 일치
- 4등: 4개의 번호가 일치
- 5등: 3개의 번호가 일치

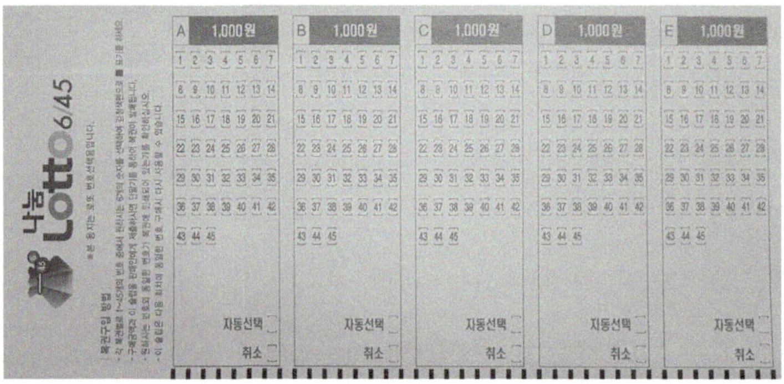

총 당첨금은 로또 전체 판매액의 50%이고, 42% 이상은 복권 기금으로 활용된다. 1, 2, 3등의 당첨금은 정해져 있지 않고 해당되는 주의 판매 총액에 의해 결정된다.

(1) 로또의 경우의 수

먼저 추첨을 통해 결정된 당첨 번호가 a, b, c, d, e, f이고, 보너스 번호가 g라고 하자. 여기서 a, b, c, d, e, f, g는 1에서 45 사이의 서로 다른 수이다.

1에서 45까지의 수 중에서 6개의 숫자를 선택할 수 있는 경우의 수 즉, 로또 번호가 될 수 있는 전체 경우의 수는 다음과 같다.

$${}_{45}C_6 = \frac{45\times44\times43\times42\times41\times40}{6\times5\times4\times3\times2\times1} = 8145060$$

- 1등이 될 경우의 수는 1가지,
- 2등이 될 경우의 수는 6개의 당첨번호 중 하나가 다르고, 그 다른 하나의 수가 보너스 번호가 되는 경우이므로 6가지이다.
- 3등이 되는 경우의 수는 1등과 2등이 아니어야 하므로 당첨된 6개의 번호 중 반드시 하나의 번호만 다르면서 또 보너스 번호도 아니어야 한다. 즉 번호가 a, b, c, d, e, f, g는 아니어야 한다. 따라서 3등이 가능한 경우의 수는 당첨된 6개의 번호 중 5개와 나머지 하나의 수는 a, b, c, d, e, f, g가 아닌 수여야 하므로 ${}_6C_5 \times (45-7) = 6 \times 38 = 228$개의 경우의 수가 있다. 여기서 당첨번호 아닌 수는 보너스 번호도 아니어야 한다.
- 4등이 될 경우의 수는 6개의 당첨번호 중 4개가 일치하는 경우이므로 당첨번호 6개에서 4개를 뽑고 나머지 두 개의 수는 당첨번호가 아닌 수에서 뽑으면 된다. 여기서 당첨번호가 아닌 수에 보너스 번호가 들어가도 된다. 따라서 경우의 수는 ${}_6C_4 \times {}_{(45-6)}C_2 = 15 \times 39 \times 19 = 11,115$개이다.
- 5등이 될 경우의 수는 6개의 당첨번호 중 3개가 일치하는 경우이므로 당첨번호 6개 중에서 3개를 뽑고 나머지 3개의 수는 당첨번호가 아닌 수에서 뽑으면 된다. 따라서 경우의 수는 ${}_6C_3 \times {}_{(45-6)}C_3 = 182,780$개이다.

(2) 로또의 확률

앞에서 구한 경우의 수를 이용하여 로또 1등에서 5등에 당첨될 확률을 각각 계산해 보면 다음과 같다.

1~45까지의 수 중에서 6개를 뽑는 전체 경우의 수는 ${}_{45}C_6 = 8145060$개이므로 확률의 정의에 따라 구하면 다음과 같다.

- 로또 1등이 될 확률 $= \dfrac{1}{8145060}$
- 로또 2등이 될 확률 $= \dfrac{6}{8145060} = \dfrac{1}{1357510}$
- 로또 3등이 될 확률 $= \dfrac{228}{8145060} = 0.00002799242731$

- 로또 4등이 될 확률 $= \dfrac{11115}{8145060} = 0.00134630831$

- 로또 5등이 될 확률 $= \dfrac{182780}{8145060} = 0.02244059589$

6. 뽑는 순서와 확률

'뽑는 순서에 따라 확률도 달라질까?'라는 질문을 받을 수 있다. 여러분은 청소 당번이나 행운권 추첨을 할 때 내가 먼저 뽑아야 뽑힐 확률이 높아질 거라고 생각할 수도 있다. 그럼 정말 그럴까?

예제 2 10명의 학생 중에 제비를 뽑아 3명이 청소를 하기로 하자. 청소 당번이 되기 싫은 경우 먼저 뽑는 것이 유리할까? 나중에 뽑는 것이 유리할까?

풀이 제일 먼저 뽑을 때 청소 당번이 될 확률은 $\frac{3}{10}$이고 청소 당번이 안될 확률은 $\frac{7}{10}$이다.

첫 번째로 뽑혀서 청소 당번이 될 확률은 $\frac{3}{10}$이다.

두 번째로 뽑을 때 청소 당번이 될 확률을 구해보자.

(i) 첫 번째 뽑은 사람이 청소 당번이고 두 번째 뽑은 사람도 청소 당번일 때의 확률은 $\frac{3}{10} \times \frac{2}{9} = \frac{6}{90}$,

(ii) 첫 번째 뽑은 사람이 청소 당번이 아니고 두 번째 뽑은 사람이 청소 당번일 때의 확률은 $\frac{7}{10} \times \frac{3}{9} = \frac{21}{90}$이다.

따라서 (i)과 (ii)의 경우가 모두 두 번째 뽑은 사람이 청소 당번이 될 확률이므로

구하는 확률은 $\frac{6}{90} + \frac{21}{90} = \frac{27}{90} = \frac{3}{10}$이다. 즉 처음에 뽑아 청소 당번이 될 확률이나 두 번째에 뽑아서 청소 당번이 될 확률이 $\frac{3}{10}$으로 동일하다.

문제 3 예제 2에서 세 번째로 뽑을 때 청소 당번이 될 확률을 구해보아라.

7. 몬티홀 문제

몬티홀 문제는 미국의 TV게임쇼 "Lets Make a Deal"의 사회자인 몬티홀의 이름을 따서 나온 문제이다.

● 몬티홀 문제

주어진 3개의 방에 하나는 자동차가 나머지 두 방에는 염소가 들어 있다.

쇼에 나온 관객이 3개의 방 중에 하나를 선택하면 사회자가 염소가 들어 있는 방문 하나를 열어 보여준다. 그리고 여기서 사회자가 제안(질문)을 한다.

"당신은 지금 당신의 선택을 바꿀 수 있습니다. 바꾸시겠습니까? 그대로 하겠습니까?"

여기서 어떤 선택을 하는게 더 나을까?

① 선택을 그대로 유지한다.

② 자신의 선택을 바꾼다.

이 문제에 대해 많은 사람들은 어떤 선택을 해야 자동차를 얻게 될지에 대해 궁금해했다. 수학적으로 그 답을 얻을 수 있는가에 대해 연구했고 실제로 그 확률을 계산하면 어떤 선택을 하는 것이 유리한지 알 수 있다.

● 몬티홀 문제에서의 확률

세 개의 방 A, B, C 중에 자동차가 들어있는 방은 1개 나머지 두 방에는 염소가 들어있다.

A	B	C

처음 선택에서 자동차가 걸릴 확률은 전체 3개 중에 하나이므로 $\frac{1}{3}$이고, 염소가 걸릴 확률이 $\frac{2}{3}$이다. 만약 내가 A를 선택한 다음에 B와 C 중 염소가 있는 방문을 열어 보여준다. 염소가 든 방문을 열어 보여주더라도 처음 나의 선택이 무엇인가에 따라 확률이 결정됨을 알 수 있다. 처음에 내가 선택한 방에 자동차가 있었다면 그 확률은 $\frac{1}{3}$ 그대로이다.

그런데 처음에 내가 염소가 있는 방을 선택했다면 나의 선택을 바꾸면 무조건 그 방에는 자동차가 있게 된다. 따라서 나의 처음 선택이 염소일 때의 확률이 선택을 바꾸었을 때 자동차가 걸릴 확률임을 알 수 있다. 따라서 선택을 바꾸어 자동차에 당첨될 확률은 $\frac{2}{3}$가 된다. 즉, 나의 선택을 바꾸면 자동차가 걸릴 확률이 $\frac{2}{3}$이고, 바꾸지 않으면 확률은 $\frac{1}{3}$이다. 따라서 바꾸는 것이 더 유리하다.

다음에 다른 풀이를 생각해 보자.

A방을 선택하였을 때 ① 선택을 바꾸지 않을 경우와 ② 선택을 바꿀 경우로 나누어 모든 경우의 수를 모두 살펴보자.

① 선택을 바꾸지 않을 경우 다음 표에서와 같이 자동차를 얻을 확률은 $\frac{1}{3}$이다.

A	B	C	승/패
자동차	염소1	염소2	승
염소1	자동차	염소2	패
염소2	염소1	자동차	패

② 선택의 바꿀 경우는 다음 표에서와 같이 자동차를 얻으려면 처음에 염소를 선택하는 경우이므로 자동차를 얻을 확률은 $\frac{2}{3}$이다.

A	B	C	승/패
자동차	염소1	염소2	패
염소1	자동차	염소2	승
염소2	염소1	자동차	승

참고자료

1. 위키피디아 - 몬티홀 문제

제 7 장

생활 속의 그래프

우리는 실생활 속에서 다음과 같은 그래프를 볼 수 있다.

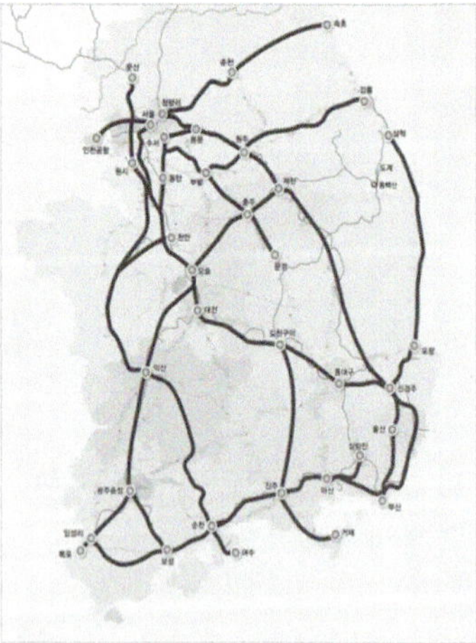

고속철도 노선도

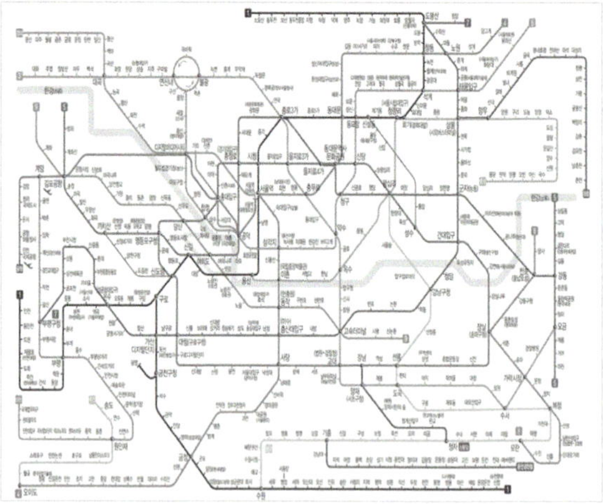

서울시 지하철 노선도

그래프는 여러 대상들 사이의 관계를 포함하고 있는 도형이다. 즉 주어진 몇 개의 정점과 그 정점을 끝점으로 하는 몇 개의 선분으로 이루어진 도형이다. 그래프는 생활에서 나타나는 문제들에서 여러 대상들을 정점(꼭짓점)으로 나타내고, 그들 사이의 관계를 선분으로 나타내어 실생활의 여러 가지 상황을 편리하고 쉽게 표현할 수 있어 실생활에 활용되고 있다. 그 예로는 지하철 노선도, 철도망, 도로망 등이 있다.

1. 그래프 이론의 역사

그래프 이론은 1736년 오일러(Euler)가 쾨니히스베르크라는 도시에 있는 다리 건너기 문제에서 시작되어 영국의 수학자 해밀턴(Hemilton)이 세계의 각 도시를 단 한 번만 지나 세계여행을 하는 여행 코스를 결정하는 문제 등으로 발전되었다. 이러한 문제들을 해결하기 위해 노력하는 과정에서 그래프 이론이라는 수학의 새로운 분야가 탄생하였다.

● 쾨니히스베르크 다리 건너기 문제

프러시아의 도시 쾨니히스베르크의 중심을 흐르는 프레겔강에는 아래와 같이 7개의 다리가 놓여있다. 마을 사람들은 같은 다리를 두 번 이상 건너지 않고 모든 다리를 산책할 수 있는가에 대해 의문을 갖고 있었다. 쾨니히스베르크 다리 건너기 문제에 대해 마을 사람들은 경험적으로 다리를 한 번씩만 건너 산책하는 방법은 없다고 생각했으며, 실제로 없는지는 알 수 없었다.

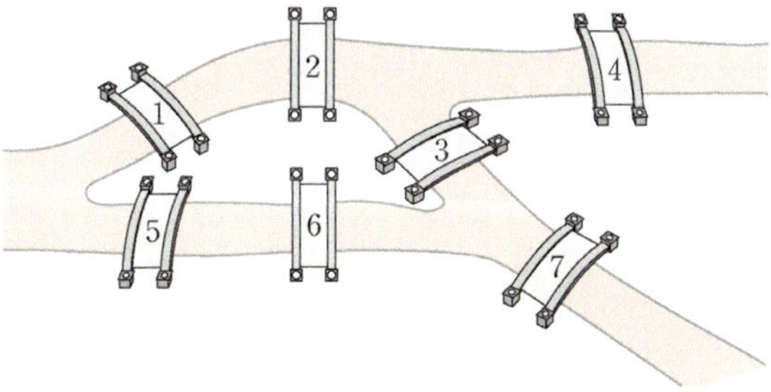

2. 그래프 이론

그래프 이론(Graph Theory)은 점(꼭짓점)과 선분(변)으로 이루어진 도형을 다루는 수학의 분야이다. 여기서 점들과 그 점들을 잇는 선분들의 집합을 그래프라 한다. 두 점(꼭짓점)을 잇는 선분이 여러 개 있을 때, 이 선분들을 평행선 또는 다변이라 하고 같은 점을 잇는 선분을 고리(loop)라고 한다. 특히 다변이 없는 그래프, 즉 두 꼭짓점을 잇는 선분이 많아야 한 개만 있는 그래프를 단순 그래프라 한다.

그래프에는 현실적인 방위나 거리는 무시되고, 각 정점 사이의 관계를 선분으로만 연결하여 간략하게 나타내었다. 정점들과 연결된 선분을 통해 이들의 결합관계를 잘 설명할 수 있다. 그래프 이론은 1736년 오일러(Euler)가 쾨니히스베르크 다리 건너기 문제를 해결한 것에서 시작되었다. 그래프의 활용은 실생활에서의 다양한 문제들을 점과 선으로 그 관계를 표현하여 그래프로 모델링하고, 그래프 문제를 수학적으로 해결하여 실생활에 적용하는 것이다.

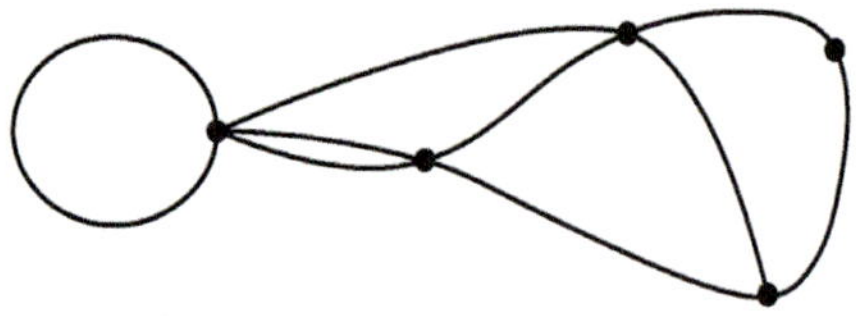

단순 그래프 아닌 그래프

단순 그래프

(1) 완전그래프

완전그래프는 서로 다른 두 꼭짓점 사이에 선분이 꼭 하나씩 있는 그래프를 말한다. 꼭짓점의 개수에 따라 완전그래프를 그려 보면 다음과 같다.

꼭짓점 2개 꼭짓점 3개 꼭짓점 4개 꼭짓점 5개

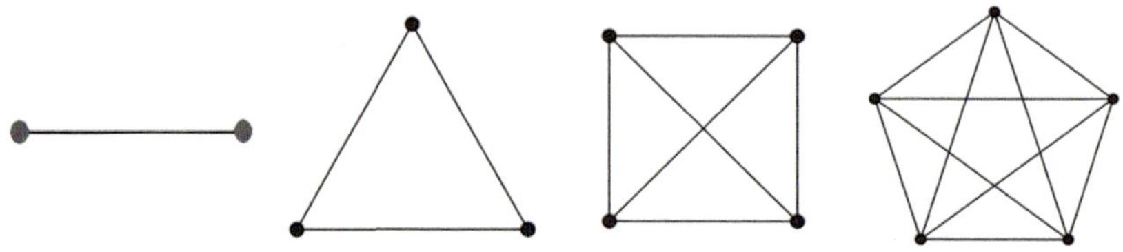

문제 1 꼭짓점이 6개인 완전 그래프는 어떤 모양인가?

예제 1 쾨니히스베르크 다리 건너기 문제를 그래프로 나타내어 보자.

풀이 쾨니히스베르크 다리 건너기 문제에 대해 마을 사람들은 경험적으로 다리를 한 번씩만 건너 산책하는 방법은 없다고 생각했으며, 실제로 없는지는 알 수 없었다. 이 문제에 대해 점과 선분을 이용한 그래프로 오일러가 해결하였다. 여기서 프레겔강의 폭이나 길이, 강물의 양, 그리고 섬의 모양이나 위치는 중요하지 않고 각각의 섬과 이어진 다리의 연결 관계가 중요하다. 즉 육지와 다리가 연결되어 있는지 아닌지에만 관심을 두면 그래프를 그려 볼 수 있다. 그래서 육지를 점으로 표현하고 육지와 육지를 잇는 다리를 선분으로 표현하면 그래프로 나타낼 수 있다. 쾨니히스베르크 다리와 육지의 연결 관계를 그래프로 나타내자. 육지를 점, 그리고 육지와 연결된 다리를 선으로 이어서 그래프를 만들면 다음과 같다.

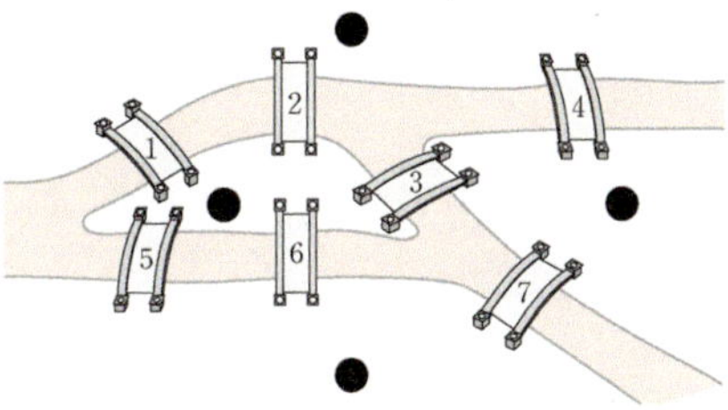

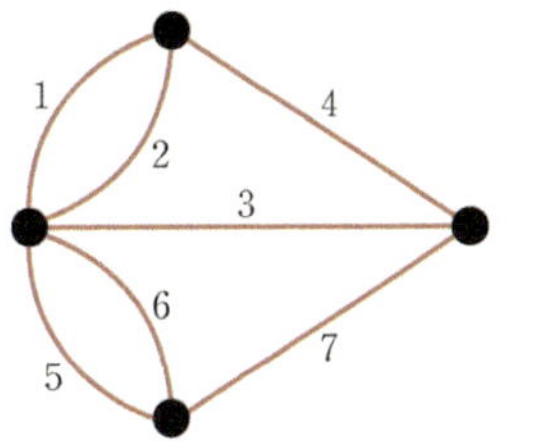

(2) 연결상태가 같은 그래프

두 그래프 G와 H가 연결상태가 같을 때는 두 그래프의 꼭짓점과 선분들의 집합이 각각 일대일 대응이 될 때이다. 즉 꼭짓점의 위치나 변의 길이나 위치에는 차이가 있어도 위치를 바꾸거나 변을 늘이거나 구부리거나 줄여서 모양이 같게 되면 두 그래프는 연결상태가 같은 그래프라고 한다.

예제 2 다음 두 그래프는 연결상태가 같다.

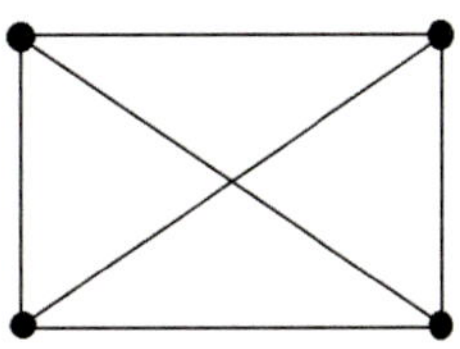

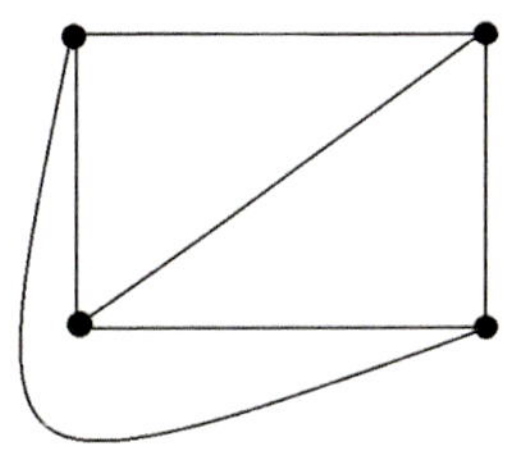

문제 2 다음 중에서 연결상태가 같지 않은 그래프는?

① ② ③

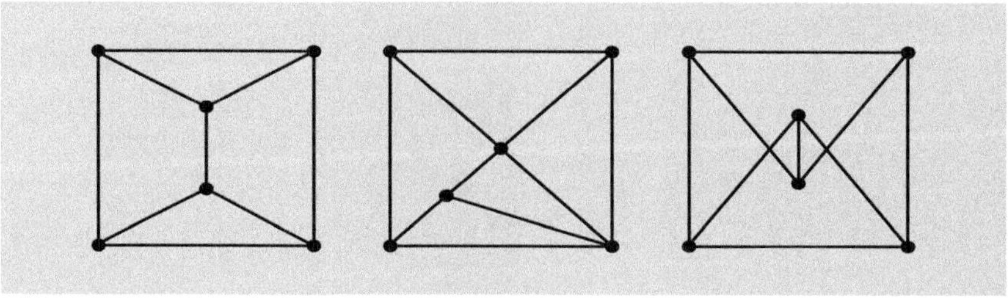

문제 3 5명이 한 조가 되어 서로 악수를 한다. 5명이 악수한 것을 그래프로 표현해 보자.

(1) 여기서 한 꼭짓점에서 이어진 변(선분)의 개수는?

(2) 모든 변(선분)의 개수의 합은?

(3) 각 꼭짓점에서 이은 변의 개수의 합과 그래프에 나타난 변의 개수 사이의 관계가 있는가?

(4) 그래프에서 각 꼭짓점에서 그은 변의 개수에 대한 규칙은 무엇인가?

(3) 꼭짓점의 차수

한 꼭짓점에 연결된 선분의 개수를 그 꼭짓점의 차수라고 한다. 그래프에서 나타난 선분(변)의 개수는 꼭짓점의 차수 총합의 절반이다.

문제 4

(1) 다음 그래프에서 각 꼭짓점의 차수를 구하여라.

(2) 각 꼭짓점의 차수 총합과 그래프에 나타난 선분의 개수를 각각 구하여 그 값을 비교하여라.

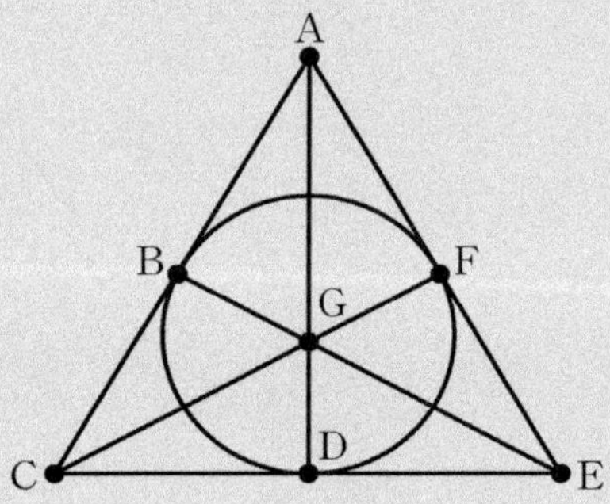

문제 5 꼭짓점의 차수가 각각 3, 3, 2, 2, 1인 그래프를 그려라.

문제 6 스포츠 경기에서 리그전의 대진표를 생각하고 다음 표를 그래프를 이용하여 완성하여라. 여기서 리그전이란 경기에 참가한 팀이나 개인이 적어도 한번은 다른 모든 팀과 경기하는 방식을 말한다.

팀의 수	2	3	4	5	6
총 시합의 개수					

(4) 평면그래프

그래프 중에서 선분(변)들이 꼭짓점 외의 점에서는 교차하지 않도록 그릴 수 있는 그래프를 평면그래프라 한다. 또한 그래프에서 교차하는 것처럼 보이더라도 꼭짓점으로 표현되지 않았다면 교차하지 않은 것으로 생각한다. 또한 평면그래프는 다음 성질이 성립한다.

$$(\text{꼭짓점의 개수})-(\text{선분의 개수})+(\text{면의 개수})=1$$

여기서 나타난 면의 여집합에 해당되는 무한 평면의 개수는 제외한다. 만약 무한 평면의 개수를 포함시킬 경우 (꼭짓점의 개수) − (선분의 개수) + (면의 개수) = 2가 된다.

예제 3 다음은 평면그래프의 예들이다. 이들 그래프의 선분이 교차하지 않도록 옮겨서 평면그래프임을 확인할 수 있다.

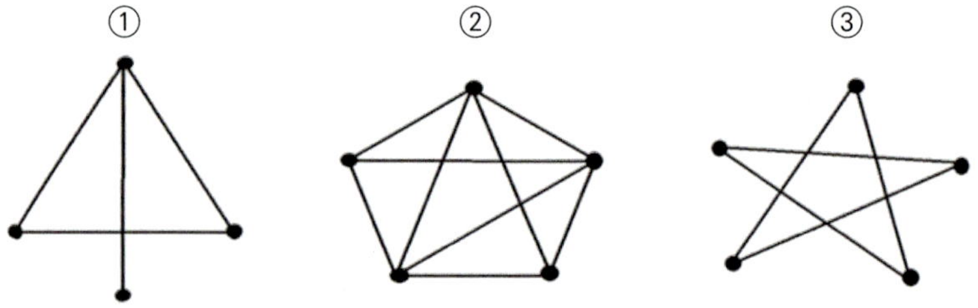

풀이 주어진 ①, ②, ③의 그래프는 교차하는 선분들을 교차하지 않도록 그릴 수 있으므로 모두 평면그래프이다. 특히 그래프 ③은 정오각형과 같은 모양의 평면그래프이다.

문제 7 수도사업소(W), 가스공급소(G), 전력발전소(E)에서 세 공장 A, B, C에 물, 가스, 전력을 공급하는 공급관 공사를 하려고 한다. 땅속에 관을 묻으려 할 때 어떤 공급관도 교차해서 지날 수는 없도록 해야 할 때 이렇게 공급관 공사가 가능한지에 대해 설명하라.

3. 오일러 회로와 한붓그리기

한번 지나간 길을 다시 지나가지 않도록 하는 방법을 찾는 문제들은 신문 배달, 청소 차량의 이동, 쓰레기 수거 차량 이동 경로 등 실생활 문제에 다양하게 쓰인다. 이러한 문제들은 오일러 회로 또는 오일러 경로를 찾는 문제가 된다. 일반적으로 회로는 출발점과 도착점이 일치하는 경우이고 경로는 출발점과 도착점이 일치할 필요는 없다.

● 오일러 회로

연결된 그래프에서 한 꼭짓점을 출발하여 모든 선분(변)을 오직 한 번만 지나서 다시 출발점으로 돌아올 수 있는 회로를 오일러 회로라고 한다. 여기서 꼭짓점은 여러 번 지나도 된다. 이때 모든 선분(변)을 오직 한 번만 지나면서 출발점으로 돌아오는 것을 생각하지 않아도 될 때 오일러 경로라고 한다.

한붓그리기는 연필을 종이에서 떼지 않고 그래프에 나타난 선분을 모두 꼭 한 번씩만 지나게 그리는 것이 가능한 것을 말한다. 이것은 오일러 회로나 오일러 경로에서 가능하다.

문제 8 다음 그래프에서 물음에 답하여라.

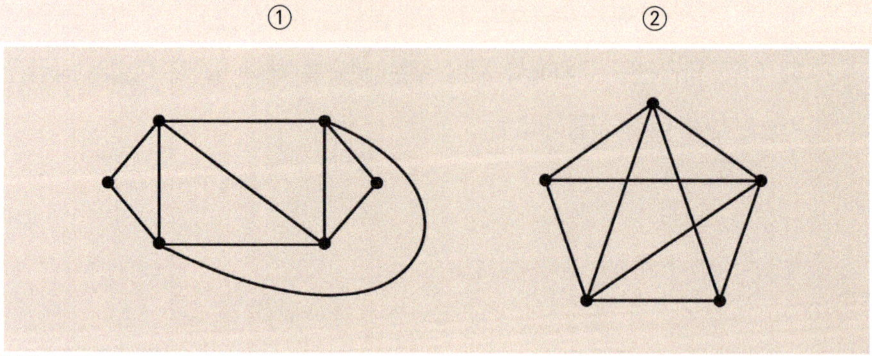

(1) 오일러 회로인 것은?

(2) 오일러 경로인 것은?

(3) 또 오일러 회로가 되도록 만들 수 있나?

(4) 선분을 추가하거나 옮겨서 오일러 회로나 오일러 경로가 되게 할 수 있는가?

오일러 회로나 경로가 되는 경우에는 특별한 조건을 만족해야 함을 알 수 있다.

정리 1 오일러 회로가 되려면 각 꼭짓점의 차수가 모두 짝수여야 한다.

정리 2 오일러 경로가 되려면 각 꼭짓점의 차수가 모두 짝수이거나 홀수인 것이 있으면 두 개뿐이다.

예제 4 전시장에 전시물을 아래 그림과 같이 선분들에 붙여 전시하였다. 관람객이 전시물들 사이를 지나가며 좌우 벽에 걸린 전시물들을 한 번에 보고 지나갈 수 있다고 하자. 왼쪽 입구로 들어와서 한번 본 곳은 다시 지나지 않고 모든 전시물을 관람하고 오른쪽 출구로 나갈 수 있는 방법이 있는가?

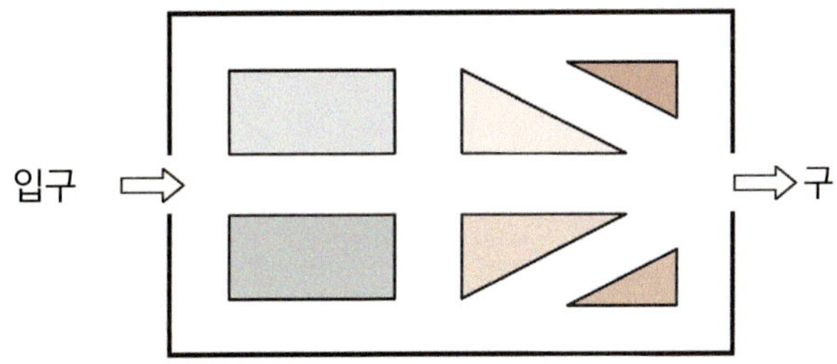

풀이 전시물을 관람할 때 지나갈 수 있는 길을 선택할 수 있는 곳, 즉 갈림길이 있는 곳을 점으로 표현하고 지나갈 수 있는 길을 선으로 표현하면 다음과 같은 그래프를 만들 수 있다.

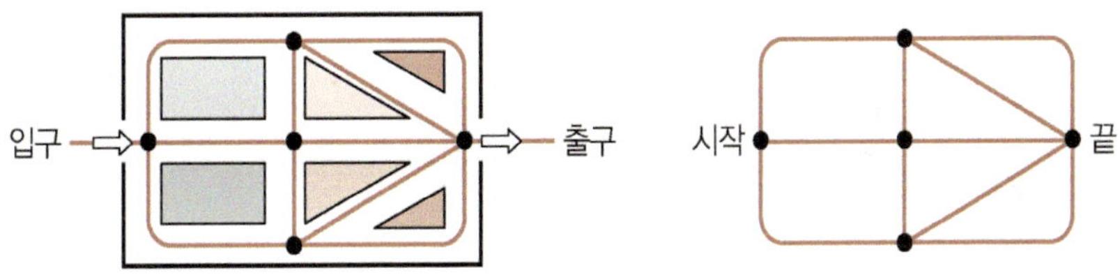

따라서 모든 꼭짓점에서 차수가 짝수이므로 모든 전시물을 관람하고 오른쪽 출구로 나갈 수 있다. 실제로 오일러 경로이고 한붓그리기가 가능함을 알 수 있다.

예제 4와 같이 전시물 관람의 경우 입구와 출구가 다른 경우는 오일러 회로가 아닌 오일러 경로의 문제임을 알 수 있다.

문제 9 쾨니히스베르크 다리 건너기 문제는 다음과 같은 그래프로 표현된다.

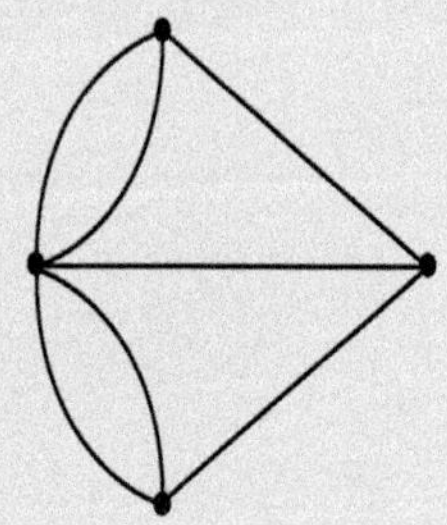

(1) 이 그래프에서 오일러 회로가 있는가?

(2) 이 그래프에 선분을 추가하여 한붓그리기(오일러 경로)가 가능하도록 할 때 추가할 가장 적은 수의 선분은 몇 개인가?

(3) 오일러 회로가 되도록 선분을 추가하면 몇 개의 선분을 추가하면 되는지 최소 선분의 개수를 말하여라.

4. 해밀턴 회로

19세기 해밀턴이 제시한 수수께끼는 다음과 같다. 정12면체의 한 꼭짓점에서 출발하여, 모든 꼭짓점을 한 번씩만 지나서 처음 꼭짓점으로 되돌아올 수 있는가? 즉 정12면체의 20개의 꼭짓점에 세계의 각 도시의 이름을 적고 이들 도시를 모두 관광하고 돌아오는 방법이 있는가를 알아보는 문제와 같다.

정12면체

(1) 해밀턴 회로

주어진 그래프에서 모든 꼭짓점을 한 번씩만 지나서 처음 꼭짓점으로 되돌아오는 것을 해밀턴 회로라 한다. 또 모든 꼭짓점을 한 번씩만 지나고 처음 꼭짓점으로 돌아오는 것을 생각하지 않을 때 해밀턴 경로라고 한다. 이때 선분은 모두 지나지 않아도 된다. 반면, 오일러 회로는 모든 선분을 한 번씩만 지나는 회로이다.

19세기 해밀턴이 제시한 수수께끼에서 정12면체의 제일 앞쪽에 보이는 정오각형을 기준으로 하여 5개의 꼭짓점에 연결된 모서리와 꼭짓점들의 연결 관계를 한 면에 모두 그려 그래프로 표현해 보면 다음의 평면그래프로 표현이 됨을 알 수 있다.

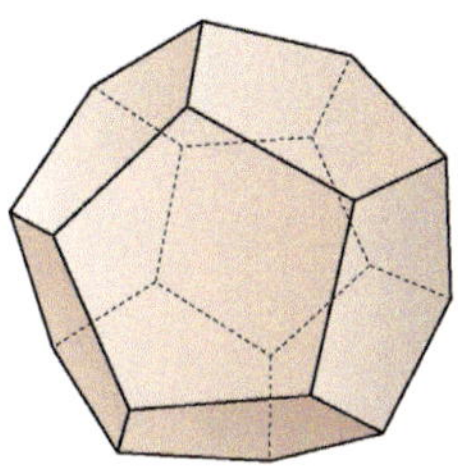

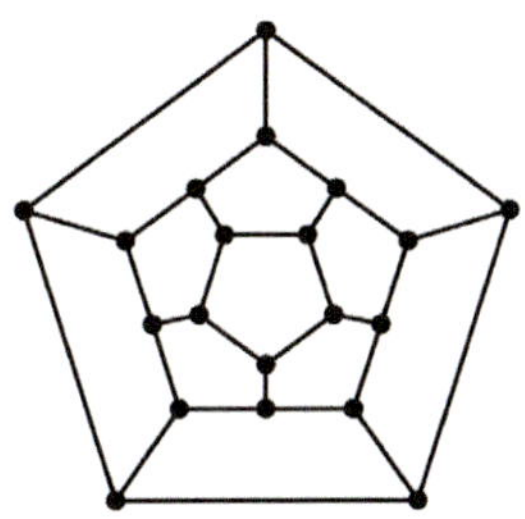

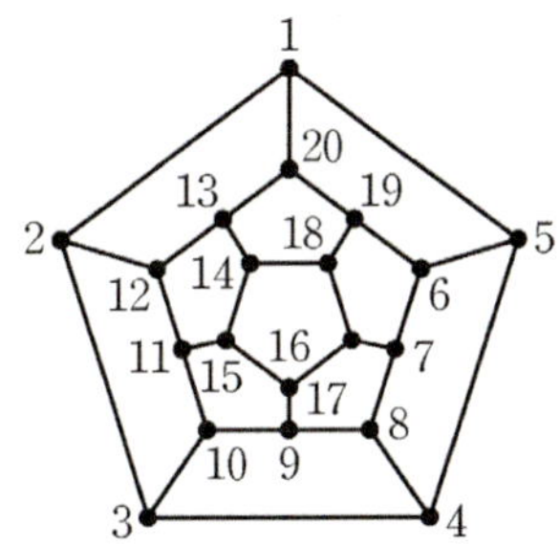

문제 10 다음 그래프는 해밀턴 회로인가? 해밀턴 경로인가?

(1)

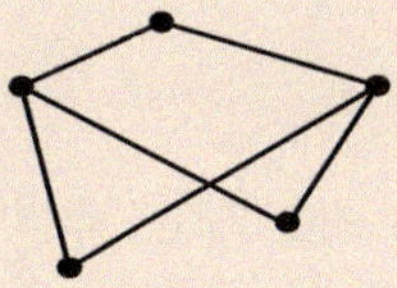

(2)

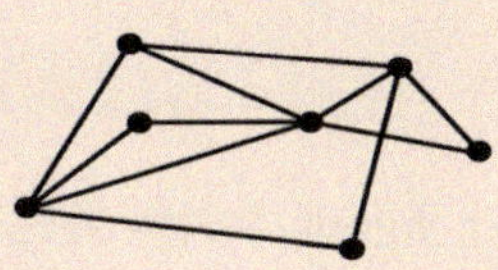

(3)

(2) 완전그래프와 해밀턴 회로

완전그래프는 그래프에서 임의의 서로 다른 꼭짓점 사이에 항상 선분이 하나씩 있는 그래프이다. 따라서 꼭짓점들 사이에 선분이 하나씩 있으므로 그 선분을 따라 꼭짓점을 이을 수 있으므로 해밀턴 회로(경로)가 될 수 있다. 그래프에서 모든 꼭짓점의 차수가 꼭짓점 개수의 절반보다 크거나 같으면 해밀턴 회로를 가진다고 알려져 있다.

예제 5 10개의 프로야구팀 리그전 대진표를 그래프로 나타내고, 한 번씩 게임을 한다면 총 몇 번의 게임을 하는가?

풀이 프로야구 10개의 팀을 꼭짓점으로 하여 각 팀과 한 번씩 게임을 진행하므로 이를 그래프로 나타내면 한 팀이 9개의 팀과 한 번씩 게임을 하므로 총 45개의 게임을 하게 된다.

참고 실제로 우리나라 프로야구는 45번의 게임을 시리즈로 16번 해서 한 해에 총 45*16=720번의 게임을 한다고 한다. 각 팀은 한 해에 9개의 팀과 16번을 게임을 하므로 144번의 게임을 한다.

이와 같이 리그전의 대진표와 같은 그래프는 완전그래프이다. 꼭짓점이 n개인 완전그래프는 한 꼭짓점에서 이어진 선분의 개수, 즉 꼭짓점의 차수는 $n-1$개이고 그래프에 나타난 선분의 총 개수는 $\frac{n(n-1)}{2}$개이다. 완전그래프는 해밀턴 회로를 가짐을 알 수 있다. 또 해밀턴 회로는 관광지나 여행지를 가야 하는 여행계획에 활용된다.

예제 6 다음에 주어진 경주 시내 지도에서 여행 목적지 7개를 정하고 주변의 도로 상황을 참고로 하여 자신이 방문하고자 하는 여행 지도를 만들려고 한다. 여행지 A~G로 표현하고 여행지 사이를 잇는 도로가 있으면 선분으로 연결하고 없으면 이을 수 없다. 여행지를 둘러보는 방법에 대해 그래프로 나타내어 보자.

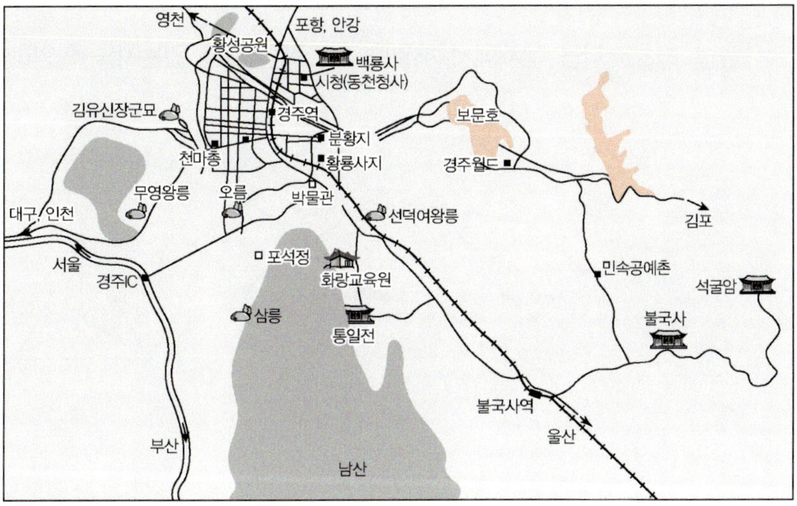

보문호	분황사	천마총	박물관	불국사	석굴암	민속공예촌
A	B	C	D	E	F	G

풀이 여행지를 점으로 도로를 선분으로 나타내면 다음과 같다. 즉, 여행지와 도로를 그래프로 나타내고, 이 그래프에서 해밀턴 회로가 있는지 확인할 수 있다.

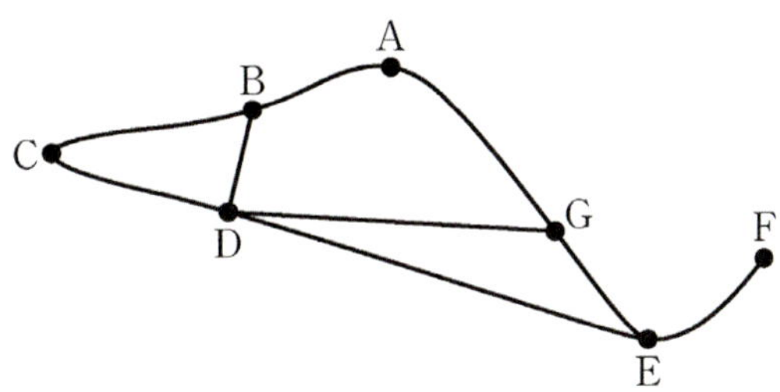

따라서 해밀턴 회로는 없고 해밀턴 경로는 있다. 즉, 여행지 A~G까지 둘러보는 방법은 있다.

문제 11 다음 문제에서 해밀턴 회로와 경로가 있는지를 확인하여라.

(1) (2) (3)

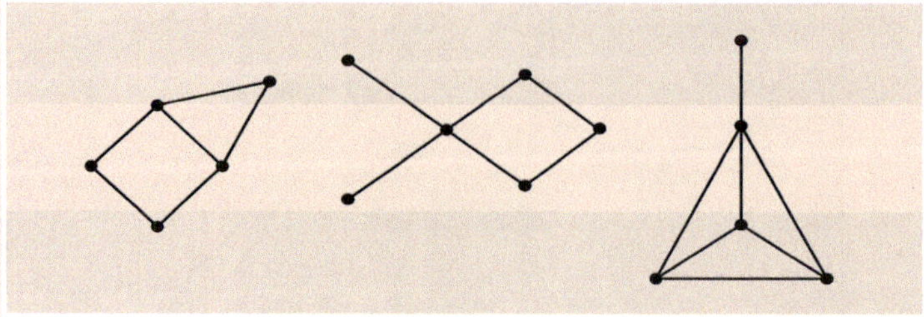

5. 4색 문제와 그래프

1850년에 구스리는 지도는 일반적으로 각 나라를 구별하기 위하여 여러 가지 색으로 칠해져 있는데 모두 다른 색으로 나타내면 너무 많은 비용이 드니까 서로 인접해 있는 나라들만 다른 색으로 칠하고 가능한 한 가장 적은 종류의 색을 사용하여 지도를 만드는 방법을 처음으로 제안하였다. 구스리는 "4색이면 되지 않을까?"라고 추측하였다. 이에 1890년 하우드는 5색이면 충분하다는 것을 증명하였고, 1976년 아펠(Appel)과 하켄(Haken)은 컴퓨터를 사용하여 거의 120년 동안 해결되지 못한 난제였던 4색 문제를 증명하였다. 이것은 수학의 중요한 정리를 컴퓨터를 활용해 증명한 최초의 사례이다.

4색 정리 평면 위에 그려진 임의의 (모든) 지도에서 인접한 지역은 다른 색으로 색칠할 때 필요한 최소의 색의 수는 4색이다.

예제 7 다음 그림에서 인접한 영역은 서로 다른 색을 칠하여 영역을 구분하려고 한다. 가장 적은 색을 이용하여 색칠한다면 몇 가지의 색으로 가능한지 알아보자.

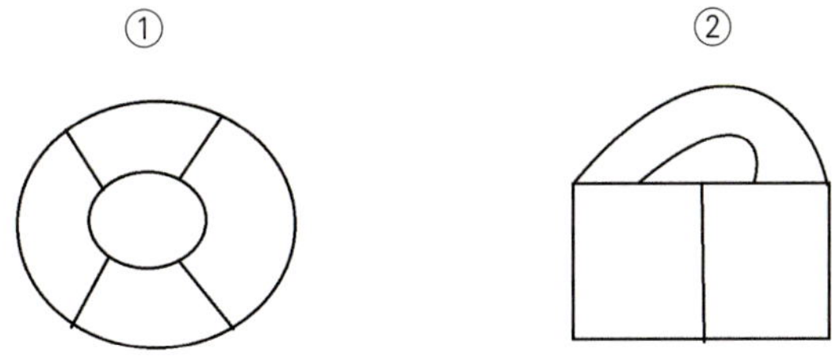

풀이 ① 그림에서는 가운데 동그라미의 색을 중심으로 인접한 색은 다른 색으로 칠하게 되므로 모두 3색이면 충분하다. ②의 그림에서는 4개의 영역이지만 4개의 색이 필요함을 알 수 있다.

문제 12 다음의 우리나라 지도는 몇 가지의 색깔로 칠할 수 있는지 알아보시오.

● 4색 문제와 그래프

4색 문제를 그래프를 이용하여 해결할 수 있다. 즉, 색칠하기 문제에서 색칠해야 할 영역을 꼭짓점으로 나타내고 두 영역이 접해 있을 경우 두 꼭짓점을 선으로 이어주면 점과 선분으로 이루어진 그래프가 된다. 이때 경계가 접한 영역은 선분으로 이어져 있으므로 선분으로 이어진 꼭짓점에는 서로 다른 색을 칠하게 되므로 그래프 상의 꼭짓점에 칠할 수 있는 색깔의 개수를 결정할 수 있게 된다.

문제13 다음 지도에서 인접한 영역은 서로 다른 색을 칠할 때, 몇 가지의 색으로 칠할 수 있는지를 구하시오. 그리고 색칠 문제를 그래프로 나타내어 보시오.

(1) (2)

참고자료

1. 생활 속의 수학, 이규봉 외 2인, 경문사, 2006
2. 이산수학, 교육인적자원부, 2005
3. 위키피디아

제 8 장

달력 속의 수학

우리는 자신이 태어난 날의 날짜 즉 생년월일은 잘 알고 있지만 태어난 날이 무슨 요일이었는지 아는 사람은 많지 않다. 또 우리가 60세나 100세가 되는 생일의 요일에 대해 알 수 있을까? 달력 속에 숨은 규칙을 알고 실생활에 적용해 보자.

달력에서 각 년도에 월별 일수를 확인해 보면 다음 표와 같다.

	1월	2월	3월	4월	5월	6월	7월	8월	9월	10월	11월	12월	연도별 총 일수
2019년	31	28	31	30	31	30	31	31	30	31	30	31	365
2020년	31	29	31	30	31	30	31	31	30	31	30	31	366
2021년	31	28	31	30	31	30	31	31	30	31	30	31	365
2022년	31	28	31	30	31	30	31	31	30	31	30	31	365
2023년	31	28	31	30	31	30	31	31	30	31	30	31	365
2024년	31	29	31	30	31	30	31	31	30	31	30	31	366

2019년부터 2024년까지 1년의 일수를 살펴보면 365일이거나 366일이 된다. 366일이 되는 해 2020년과 2024년은 모두 2월이 29일이다. 이렇게 2월이 29일이 되는 해와 아닌 해는 어떻게 정해졌을까? 일 년의 일수는 지구의 자전과 공전과 관련이 있다.

1. 지구의 자전과 공전

지구는 북극과 남극을 잇는 가상의 축을 중심으로 23.5도가 기울어진 상태로 하루에 한 바퀴씩 스스로 돌아가는데, 이를 지구의 자전이라고 한다. 또 지구는 태양을 중심으로 하루에 1도씩 움직이고 있는데 이것을 지구의 공전이라고 한다. 지구가 태양 주위를 한 바퀴 도는 데 걸리는 기간을 1년으로, 지구가 하루에 1번 자전을 하는 데 걸리는 시간을 1일로, 하루를 24등분하여 1시간, 1시간을 60등분하여 1분, 1분을 60등분하여 1초로 시간 단위를 정하였다. 1년 1일 1시간 1분 1초는 천문학에서 정해진 값들이다.

달은 지구의 위성으로 동쪽에서 뜨고 서쪽으로 진다. 달이 지구를 중심으로 서쪽에서 동쪽으로 한 바퀴 도는 현상을 달의 공전이라고 한다. 달도 지구처럼 자전한다.

달이 지구를 한 바퀴 도는 데 걸리는 시간을 1달로 정하고 있는데 실제로 우리가 사용하는 1달의 길이는 달이 공전하는 27.3일보다 조금 더 길다. 또 달도 지구처럼 자전하는데, 달이 자전하는 기간과 공전하는 기간은 27.3일로 동일하다. 그래서 우리는 매일 달의 같은 면만 보게 된다. 우리가 사용하는 한 달은 지구의 위성인 달의 운동에서 정했다.

일반적으로 한 주를 7일로 사용한 것은 고대 바빌로니아에서 유래되었는데, 고대 바빌로니아 시절 해와 달 그리고 육안으로 관찰 가능한 다섯 행성에서 기원한 7일 주기를 사용했다. 7개의 천체는 제1일부터 제7일까지 순서대로 토성의 날(토요일), 태양의 날(일요일), 달의 날(월요일), 화성의 날(화요일), 수성의 날(수요일), 목성의 날(목요일), 금성의 날(금요일)을 지배했다.

이러한 고대 바빌로니아의 믿음이 후에 그리스도교에 계승되었고, 현대까지 이어져 1주일의 순서로 고정되었다. 한국에서 공식적으로 요일이 쓰인 것은 갑오경장 이후인 1895년부터라고 한다. 이후 대한민국 정부 수립과 함께 1949년 6월 4일 '관공서의 공휴일에 관한 규정'에 의해 일요일이 모든 관공서가 쉬는 날로 지정됐고 2008년도에 들어와서는 토요일까지도 공휴일로 지정되었다.

2. 달력

달력은 일(day), 주(week), 월(month), 년(year)으로 구성된다. 그리고 각 월은 28일에서 31일까지의 날의 수로 구성되어 있다. 하루는 시계 사용 이전과 이후로 구분되는데 시계를 사용한 이후에는 0시 0분에서 23시 59분까지로 24시간으로 정했다. 1년은 지구가 태양을 주위를 한 바퀴 도는 기간(하지~다음 하지)까지를 기준으로 하였다. 실제로 1년의 길이는 지구의 공전 주기인

365.24219879≈365.2422일이다.

율리우스 달력은 1년의 길이를 365.25일로 정하였다. 이는 실제 공전 주기인 365.24219879일과 비교하면 0.00780121일이 길다. 실제로 이러한 차이를 그 당시도 알았지만 간단한 달력을 위해 근삿값으로 365.25를 택했다. 이러한 차이로 인해 4년마다 윤년을 두고 366일로 하였다.

율리우스 달력은 B.C. 45년에 공표하여 사용하였고 16세기(1500년) 르네상스 시대에 이르러서는 그 오차가 12일에 달하였다. 즉 12일이나 빨랐다. 왜냐면 1년에 0.00780121일만큼 오차가 생긴다면 율리우스 달력이 B.C. 45년에 시작해서 16세기 1500년까지 사용된 경우 총 1,545년 동안 사용되었으므로 $0.00780121 \times 1545 = 12.05286945$일이 빨랐기 때문이다.

3. 현대의 달력

현대의 달력은 교황 그레고리우스 13세(1572~1588)가 달력 개혁을 통해 율리우스 달력의 문제점을 개선하여 그레고리우스 달력을 제정·사용하기 시작했다. 그레고리우스 달력에서도 율리우스 달력의 윤년은 그대로 사용하였다. 율리우스 달력의 오차를 줄이기 위해 그레고리우스 달력은 다음의 규칙을 사용하였다.

① 평년은 365일, 윤년은 366일이다.
② 4년마다 4의 배수가 되는 해의 2월을 윤달로 하는 윤년(366일)을 둔다.
③ 4의 배수이지만 100의 배수인 해는 평년(365일)으로 정한다.
④ 100의 배수이지만 400의 배수인 해는 다시 윤년(366일)으로 정한다.

그레고리우스 달력의 사용은 로마 교황이었던 그레고리 13세가 1582년 10월 5일부터 14일까지 10일을 없애고, 10월 4일 다음 날을 10월 15일로 정하는 새로운 달력을 선포했다. 즉 그레고리력의 시작은 1582년 10월 15일이다. 그레고리력에는 비교적 정확한 윤년 계산을 통해 태양년과의 차이를 3000년에 하루 정도로 줄였다. 전 세계에서 그레고리력이 사용되기 시작한 것은 20세기 초반이고, 우리나라는 1895년부터 그레고리력을 사용했다.

참고 우리나라는 1896년 고종황제가 음력 1895년 11월 17일을 1896년 1월 1일로 정하고 연호를 건양이라고 정하면서 그레고리우스 달력을 처음 사용하였다. 중국은 1945년부터 공식적으로 사용했고, 일본은 메이지 5년(1872년) 12월 2일을 1873년 1월 1일로 정하여 사용하였다. 이는 세계에서 가장 짧은 달로 기록되어 기네스북에 등재되어 있다.

● 윤달과 윤년

2020년과 2024년은 4의 배수인 해이고 그해의 날의 수는 366일이다. 또 2000년과 2400년은 400의 배수이므로 윤년이어서 366일이고, 2100년, 2200년, 2300년은 400의 배수는 아니고 100의 배수여서 평년인 365일이다.

예제 1 2040년의 일수와 2100년의 일수 그리고 2400년의 일수를 각각 구하여라.

풀이 2040년은 4의 배수인 해이므로 윤년이므로 2040년은 366일이다. 또 2100년은 4의 배수이지만 100의 배수인 해이므로 평년이어서 365일이다. 또 2400년은 4의 배수이고 100의 배수이고 또 400의 배수이므로 윤년으로 366일이다.

참고 3×5 = 15에서 15는 3의 배수이고, 3은 15의 약수이다. 또 15는 5의 배수이고, 5는 15의 약수이다. 1에서 100까지의 자연수 중에서 2의 배수인 것은 50개, 3의 배수는 33개, 7의 배수는 14개이다. 따라서 1부터 100까지의 자연수 중에서 a의 배수인 것의 개수는 $\left[\frac{100}{a}\right]$개이다. 또 $a < b$일 때 a부터 b까지의 연속된 자연수의 개수는 $b-a+1$개다. 그래서 0에서 9까지의 수는 9개가 아닌 10개이고, 2에서 33까지의 연속된 자연수의 개수는 33 - 2+1=32개이다.

다음은 요일을 결정하기 위해 달력에 주어진 규칙을 알아보자. 요일은 월, 화, 수, 목, 금, 토, 일 7일을 기준으로 계속 반복된다. 따라서 평년은 365일이므로 52주 1일이고, 윤년은 52주 2일이다. 요일의 규칙으로 a일의 요일은 (7의 배수 +a)인 날짜의 요일과 같다. 즉 7의 배수만큼 날짜를 더해도 그 요일은 항상 같다.

이에 따라 2022년 1월 1일이 토요일이면 2023년 1월 1일은 일요일이다. 왜냐하면 2022년은 평년으로 52주 +1일 후에 2023년 1월 1일이 오기 때문이다. 또 2022년 1월 1일을 제외하고 52주를 더해 주면 2022년 12월 31일이 되므로 2022년 1월 1일과 12월 31일은 같은 요일이 됨을 알 수 있다. 따라서 우리는 평년은 1월 1일과 12월 31일이 같은 요일이고, 윤년은 12월 31일이 2월이 윤달이므로 1월 1일과 같은 요일이 아니고 하루가 더 지난 다음 날의 요일이 됨을 알 수 있다.

정리하면 평년인 경우 새해 첫날인 1월 1일과 그해의 마지막 날인 12월 31일의 요일이 항상 같고, 윤년인 경우 새해 첫날인 1월 1일과 12월 30일의 요일이 같다.

예제 2 2022년 1월 1일은 토요일이다. 2022년은 평년으로 12월 31일이 토요일이고 그러면 2023년 1월 1일은 일요일이다. 또 2024년 1월 1일은 월요일이고 2024년이 윤년이므로 2025년 1월 1일은 수요일이다.

문제 1 다음 물음에 답하여라.

(1) 21세기(2001년~2100년)에는 윤년이 모두 몇 번 있는가?

(2) 2001년~2400년 사이에는 윤년이 모두 몇 번 있을까?

(3) 2021년 12월 25일 크리스마스는 토요일이었다. 그러면 2024년 크리스마스는 무슨 요일인가?

다음 예제처럼 특정한 날짜의 요일을 구하는 것도 7일만큼 차이가 같은 요일이 됨을 이용하면 쉽게 계산할 수 있다.

예제 3 2022년 11월 11일 금요일부터 100일 째가 되는 날의 연, 월, 일과 요일을 구하시오.

풀이 100일의 날짜 수에 11월 11일이 포함되므로 11월 11일부터 11월 30일까지 날의 수는 30 - 11 + 1=20일, 12월은 31일, 또 2023년 1월은 31일이다. 이 3개의 달의 날의 수를 모두 합하면 82일이 된다.

따라서 100일은 18일만 더 하면 되므로 2023년 2월 18일이 100일째가 되는 날짜이다. 요일의 결정은 7의 배수만큼 더해도 같은 요일임을 이용하면 2022년 11월 11일이 금요일이고 이날을 포함하여 100일이 되는 날이므로 11월 11일에 99일을 더한 것이 2월 18일이다. 따라서 (11일)+(7일×14)+(1일) 즉 1일 후인 요일이 되므로 100일째 되는 2월 18일은 토요일이다.

그리스도 탄생 이전의 시기를 Before Christ라 해서 B.C.로 표현하고 그리스도가 태어난 해부터 A.D.(Anno Domini)로 사용하고 있다. 서기(A.D.)의 원년은 1년 1월 1일이다. 요일의 개념은 10세기 이후에 정해졌지만 서기 1년 1월 1일은 무슨 요일인지 계산해 보자.

예제 4 2022년 1월 1일이 토요일일 때, 서기 1년 1월 1일은 무슨 요일인가?

풀이 서기 1년 1월 1일부터 2021년 12월 31일까지에서 윤년의 개수만 필요하다. 왜냐하면 평년일 때 1월 1일의 요일은 그해의 마지막 12월 31일이 요일과 동일하기 때문이다. 이에 따라 1년부터 2021년까지 4의 배수인 해가 505번, 100의 배수인 해가 20번, 400의 배수인 해가 5번 있었으므로 윤년의 총수는 505 - 20+5=490번이 있었다.

따라서 1년 1월 1일부터 2021년 12월 31일까지 총 날짜 수는 (7의 배수+1일) × 2021번+490(윤년의 수) = (7의 배수+1)(7의 배수+5)+(7의 배수)이므로 결국 (7의 배수)+5일로 표현할 수 있다.

이에 따라 1년 1월 1일의 요일에서 5일 후의 요일이 2022년 1월 1일의 요일이다. 따라서 2022년 1월 1일이 토요일이면 2021년 12월 31일은 금요일이고, 1년 1월 1일은 월요일이다.

다음은 서기 1년 1월 1일의 요일이 월요일임을 알 때 이를 기준으로 특정한 년도 특정 일자의 요일을 구하는 법을 쉽게 공식화할 수 있다. 그것은 다음과 같다.

요일을 구하는 공식

x년 y월 z일의 요일은 다음과 같이 구한다. 먼저

$$(x-1)+\left[\frac{x-1}{4}\right]-\left[\frac{x-1}{100}\right]+\left[\frac{x-1}{400}\right]+(y-1\text{월까지 각 월의 일수의 합})+z \equiv r \mod 7$$

을 계산한다. 여기서 [ ]은 가우스 기호이고, r은 좌변의 값을 7로 나눈 나머지로 $0 \le r \le 6$인 값이다. 이때 $r=1$이면 월요일, $r=2$이면 화요일, $r=3$이면 수요일, ⋯ , $r=6$이면 토요일, $r=0$이면 일요일이 된다.

앞에서도 공부했듯이 수학적으로 7로 나눈 나머지라는 기호를 mod를 써서 나타내면 편리하다. $24 \equiv 3 \mod 7$ ⇔ 24를 7로 나눈 나머지는 3이다. 또 $24 \equiv 4 \mod 10$ ⇔ 24를 10으로 나눈 나머지는 4이다.

위 식을 이용하여 예제 3의 2023년 2월 18일은 요일을 쉽게 구할 수 있다. $2022+505-20+5+31+18=2561 \equiv 6 \mod 7$이므로 공식에 의해 2023년 2월 18일은 토요일이다.

문제 2 광복절인 1945년 8월 15일은 무슨 요일인가?

문제 3 2024년 내 생일은 무슨 요일인가?

문제 4 2025년 크리스마스는 무슨 요일인가?

문제 5 본인이 만 60살이 되는 해의 생일은 무슨 요일인가?

문제 6 2023년 3월 1일 수요일은 여자(남자)친구와 처음 만난 날이다. 이날부터 100일째가 되는 날에 제주도로 여행을 가기로 약속을 정했다. 그날의 연, 월, 일과 요일을 구하시오.

참고자료

1. 신비하고 아름다운 수학세계, 최영우, 경문사
2. 위키피디아

제 9 장

프랙탈 Fractal

이 장에서는 프랙탈(fractal)이 무엇인지 이해하고 프랙탈이 우리 일상생활에 어떤 형태로 응용되고 있는지에 대해 알아본다.

1. 관찰하기

다음에 나오는 사진이나 그림들에서 왼쪽과 오른쪽에 있는 것을 관찰하고 비교하여 공통점과 차이점, 그리고 특징들을 찾아보자.

(1) 나무

(2) 브로콜리

(3) 등나무 줄기

(4) 고사리잎

(5) 콜리플라워(Image by Albrecht Fietz from Pixabay)

(6) 코흐 곡선

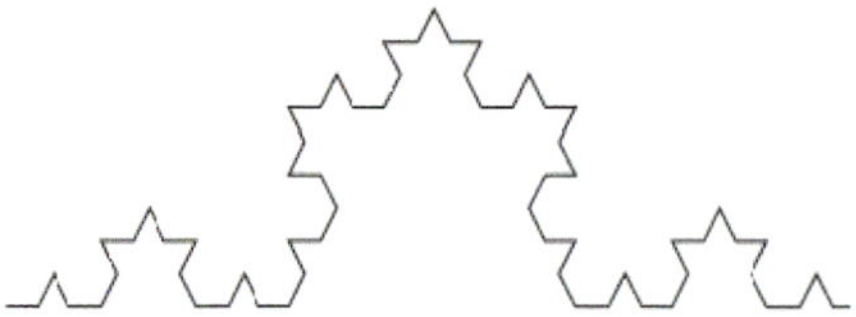

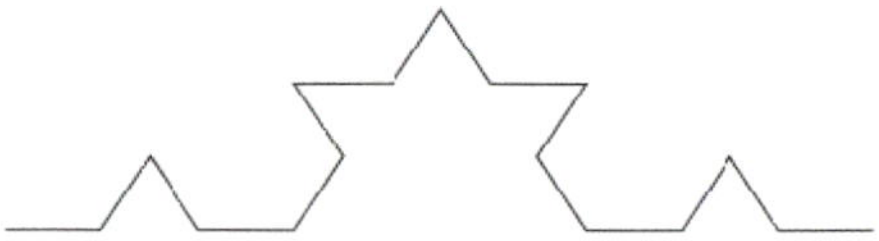

(7) 도형

(8) 줄리아 집합

2. 프랙탈

앞의 사진과 그림의 비교에서 공통점은 다음과 같다.

① 전체와 부분이 닮았다.

② 작은 부분이 전체 모습의 축소판이다.

③ 부분을 확대하면 전체의 모습이고 전체를 축소하면 부분의 모습이다.

이와 같이 부분을 확대하면 전체의 모습이 되고 전체의 모습을 축소하면 부분이 되는 성질을 자기닮음(self similarity) 또는 자기 유사성이라고 하고 이 성질은 프랙탈 도형들의 가장 큰 특징이다.

즉, 프랙탈(fractal)은 자기닮음과 축소하여도 그 구조가 변하지 않는 성질을 갖는 도형을 말한다. 프랙탈은 전체를 부분으로 무한히 분할하더라도 그 부분 안에 전체의 형상을 갖는 기하학적인 도형을 말한다.

● 프랙탈의 특징

① 부분이 전체와 닮았다. 즉, 부분에서 전체의 모습을 찾을 수 있다.

② 부분 속에 전체의 구조가 무한히 들어있고, 끝나지 않고 반복되는 구조를 가진다.

③ 규칙성과 비규칙성, 단순성과 복잡성, 다양성과 일관성 등 대조적인 성질들을 같이 갖고 있다.

영국의 해안선과 한국의 해안선을 비교해 보자. 두 나라의 서부해안과 동부해안이 비슷한 모습을 하고 있는데 특히 서부해안은 리아스식 해안으로 구불구불하고 복잡한 구조를 가지고 있음을 알 수 있다.

프랙탈(fractal)은 프랑스 수학자 만델브로(B. Mandelbrot)가 1975년 '쪼개다'라는 뜻을 가진 그리스어 '프랙투스(fractus)'를 따서 만들었다. 1967년 만델브로는 사이언스 논문지에 '영국을 둘러싸고 있는 해안선의 총 길이는 얼마인가?'(How Long is the Coast of Britain? Statistical Self-Similarity and Fractional Dimension)라는 논문을 통해 프랙탈 이론을 처음 소개하였다. 만델브로는 영국 해안선의 길이 문제를 연구하면서 해안선의 구불구불한 굴곡 속에 또 다른 굴곡이 끝임없이 나오는 것을 보고 프랙탈의 개념을 생각하였다.

그러면 '영국의 서부 해안선의 총길이는 얼마인가?'라는 질문에서 영국 서부 해안선의 길이는 측정하는 자에 따라서 그 길이가 달라진다고 말할 수 있다. 즉 1km 잣대로 해안선이 길이를 측정하면 대부분의 굴곡을 생략한 근사치 길이가 나오고(그림 1), 10m 잣대로 측정하면 좀 더 자세하게 길이를 잴 수 있으므로 1km 잣대보다 더 길게 나온다(그림 2).

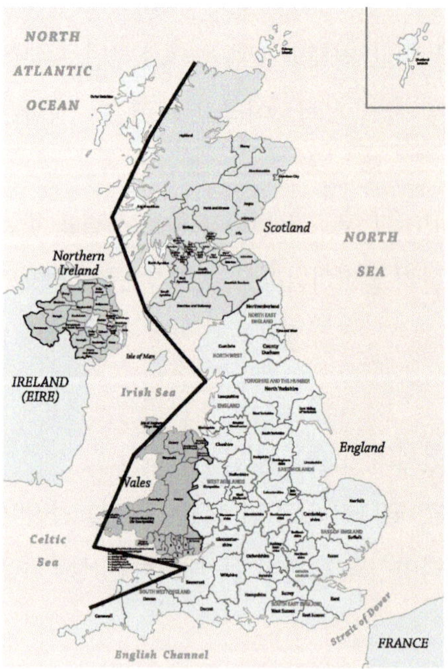

1km 자

그림 1

10m 자

그림 2

또 1m의 자로 재면 해안선을 따라 더 자세하게 잴 수 있으므로 더 길게 나오고 1cm 자로 재면 더 길게 나오게 될 것이다. 이런 식으로 한없이 반복하게 되면 결국 서부 해안선의 길이는 무한한 값이 나올 수 있다는 결론을 얻게 된다. 즉, 만델브로는 영국 해안선의 길이가 무한대라는 결론을 얻었다.

3. 수학적으로 프랙탈 구조를 갖는 도형

전체를 부분으로 무한히 분할하더라도 그 부분 안에 전체의 형상 즉, 자기닮음의 특성을 갖는 프랙탈 도형에는 어떤 것이 있는지 알아보자. 수학적으로 프랙탈의 구조는 자기닮음이라는 특성을 가지므로 도형들을 이용하여 자기닮음이라는 성질을 가지도록 그 모양을 구성하면 될 것이다. 그 대표적인 예로 코흐(Koch) 곡선-코흐 눈송이, 칸토어 먼지, 시어핀스키(Sierpinski) 삼각형, 시어핀스키 피라미드, 맹거(Menger) 스펀지 등이 있다.

(1) 코흐 곡선

(2) 코흐 눈송이

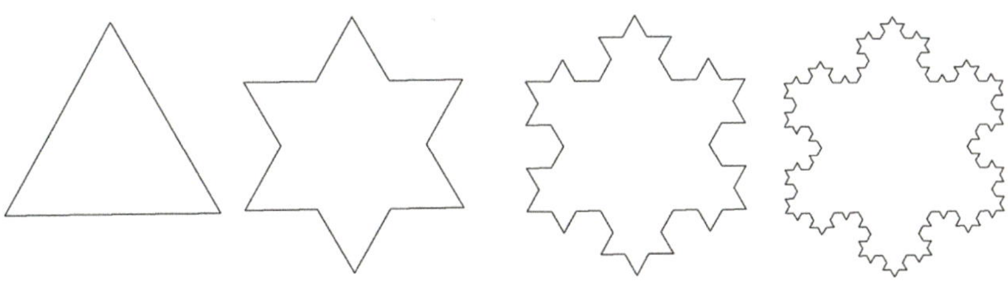

(3) 칸토어 먼지(Cantor dust)

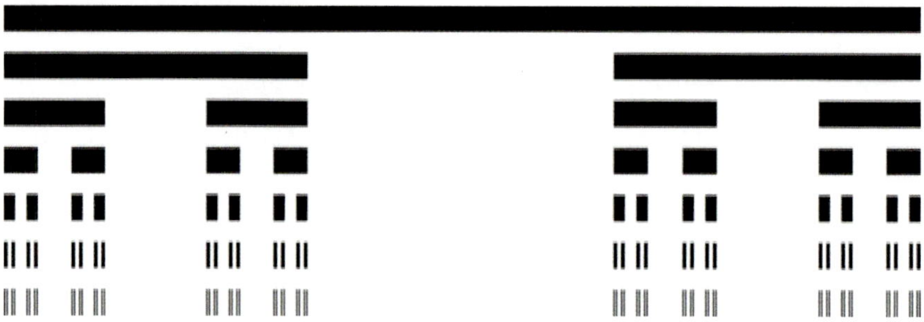

(4) 시어핀스키 삼각형(Sierpinski triangle)

(5) 시어핀스키 피라미드(Sierpinski piramid)

(6) 맹거 스펀지 (Menger Sponge)

4. 프랙탈 도형 만들기

실제 프랙탈 구조를 갖는 수학적 도형들을 만들어 보고 그들이 갖는 특징을 확인한다. 여기서 고등학교에서 배운 무한등비급수의 합을 구하는 식을 알고 이를 이용하여 프랙탈 도형들의 특징을 이해해 보자.

첫 항이 a이고, 공비가 r인 무한등비급수 $a+ar+ar^2+\cdots+ar^{n-1}+\cdots$은 $|r|<1$일 때, 그 합이 $\frac{a}{1-r}$이다. 즉

$$a+ar+ar^2+\cdots+ar^{n-1}+\cdots=\frac{a}{1-r},\quad |r|<1.$$

(1) 코흐 곡선 그리기

코흐 곡선은 다음과 같은 과정을 거쳐 만들어진다.

|1단계| 주어진 선분을 3등분하여 가운데의 선분을 지우자.

|2단계| 남은 선분과 같은 길이를 가지는 선분으로 가운데 빠진 부분을 ∧ 모양으로 만든다.

|3단계| 2단계에서 만들어진 각 선분에서 1단계 2단계 과정을 반복한다.

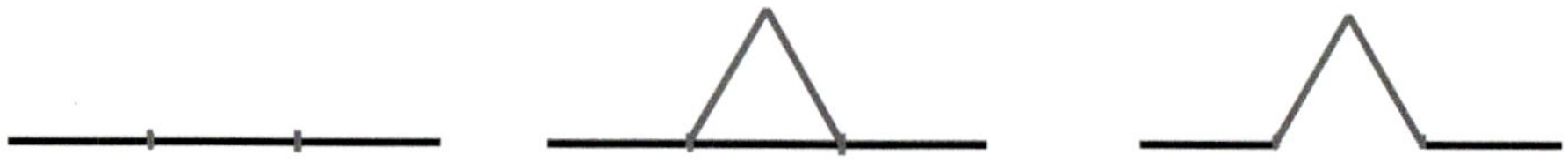

위 과정을 무한히 반복하면 그 모양은 코흐 곡선이 된다.

예제 1 코흐 곡선의 길이를 구해보자.

풀이 코흐 곡선의 길이는 얼마인지 구하기 위해 처음에 주어진 직선의 길이는 1로 생각하자.

1단계에서 한 선분의 길이는 $\frac{1}{3}$이고, 이러한 것이 4개 있다. 2단계에서는 한 선분의 길이는 $\frac{1}{9}=\left(\frac{1}{3}\right)^2$이고, 이러한 것이 $4\times4=16$개 있다. 또 3단계에서는 한 선분의 길이는 $\frac{1}{27}=\left(\frac{1}{3}\right)^3$이고, 이러한 것이 $4\times4\times4=64$개이다. 이러한 방법으로 계속하면 n단계에서 한 선분의 길이는 $\left(\frac{1}{3}\right)^n$이고, 그개수는 4^n개 있으므로 그 길이는 $\left(\frac{4}{3}\right)^n$이다. 이 과정을 무한히 반복하면 그 길이는 $\lim_{n\to\infty}\left(\frac{4}{3}\right)^n=\infty$이다.

즉, 코흐 곡선은 무한한 길이를 가진 자기닮음의 성질을 가지는 프랙탈 도형이다.

(2) 코흐 눈송이

앞의 코흐 곡선에서 주어진 선분이 정삼각형의 한 변일 때 우리는 코흐 눈송이를 만들 수 있다. 즉, 정삼각형일 때 정삼각형의 각 변에서 코흐 곡선을 그리는 경우와 동일하다.

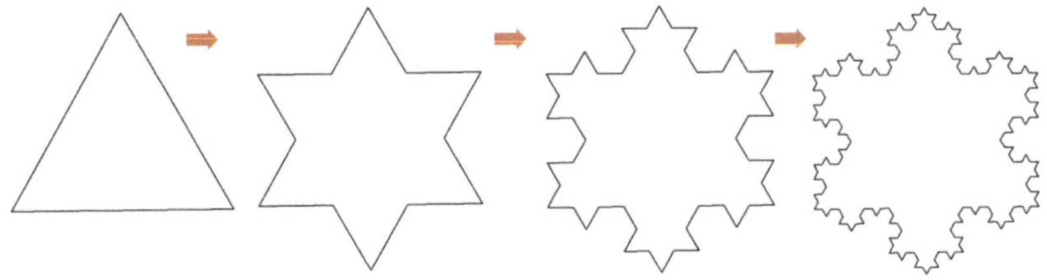

예제 2 정삼각형의 한 변의 길이를 1이라고 할 때, 코흐 눈송이의 길이를 구해 보자.

풀이 1단계는 삼각형의 각 변에 $\frac{4}{3}$ 씩의 길이가 세 개의 변에 있으므로 $\left(\frac{4}{3}\right)\times 3=4$ 이다. 2단계는 1단계의 길이의 $\frac{1}{3}$ 이(즉, $\frac{1}{9}$) 각 변에 4개씩 있고, 세 개의 변에 있는 총 길이는 $\left(\frac{1}{9}\right)\times 4^2=\left(\frac{4}{3}\right)^2$ 이다. 그러면 3단계에서의 총 길이는 $\frac{1}{3}\left(\frac{1}{9}\right)\times 4^2\times 3=\left(\frac{4}{3}\right)^2$ 이다. 이를 표로 나타내면 다음과 같다.

	1단계	2단계	3단계	…	n단계	…
한 선분의 길이	$\frac{1}{3}$	$\frac{1}{9}=\left(\frac{1}{3}\right)^2$	$\frac{1}{27}=\left(\frac{1}{3}\right)^3$	…	$\left(\frac{1}{3}\right)^n$	…
선분의 개수	4×3	$4^2\times 3$	$4^3\times 3$	…	$4^n\times 3$	…
길이의 합	$3\left(\frac{4}{3}\right)$	$3\left(\frac{4}{3}\right)^2$	$3\left(\frac{4}{3}\right)^3$	…	$3\left(\frac{4}{3}\right)^n$	…

위 표에서와 같이 이 과정을 무한히 반복하면 그 길이는 $\lim_{n\to\infty}3\left(\frac{4}{3}\right)^n=\infty$ 이다. 따라서 코흐 눈송이에서도 코흐 곡선과 마찬가지로 코흐 눈송이의 둘레 길이는 무한하다. 여기서 직관적으로 코흐 눈송이는 다음과 같이 정삼각형의 외접원의 내부에 있으므로 그 넓이는 원의 넓이보다 작아 유한하다.

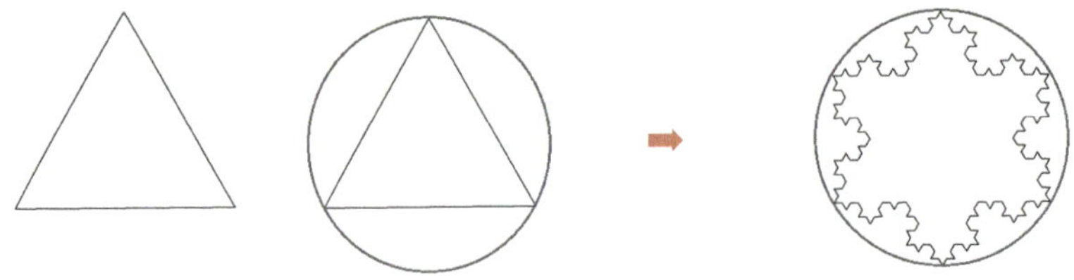

따라서 코흐 눈송이는 유한한 넓이를 가지면서 둘레의 길이가 무한인 도형이다.

(3) 칸토어 먼지(Cantor dust, 칸토어 집합)

다음의 과정으로 칸토어 먼지를 만들어 본다.

|1단계| 주어진 선분을 3등분하여 가운데의 선분 지운다.

|2단계| 남은 두 선분을 3등분하여 가운데의 선분 지운다.

|3단계| 2단계에서 만들어진 각 선분에서 1단계와 2단계와 동일한 과정을 반복한다.

|4단계| 앞의 과정을 무한히 반복한다.

위와 같이 무한히 반복되는 제거의 과정에서 무한히 많은(유리수의 개수보다 많은) 점들이 남게 된다. 이 남은 점들의 집합을 칸토어 먼지(칸토어 집합)라 한다.

예제 3 칸토어 먼지(칸토어 집합)를 만드는 과정에서 제거된 선분의 길이의 합을 구해보자.

풀이 여기서 처음에 주어진 선분의 길이는 1로 생각하자.

	1단계	2단계	3단계	…	n단계	…
제거된 선분의 길이	$\frac{1}{3}$	$\frac{1}{9}=\left(\frac{1}{3}\right)^2$	$\frac{1}{27}=\left(\frac{1}{3}\right)^3$	…	$\left(\frac{1}{3}\right)^n$	…
제거된 선분의 개수	1	2	4	…	2^{n-1}	…
제거된 선분의 길이의 합	$\frac{1}{3}$	$2\left(\frac{1}{3}\right)^2=\frac{1}{3}\left(\frac{2}{3}\right)$	$\frac{1}{3}\left(\frac{2}{3}\right)^2$	…	$\frac{1}{3}\left(\frac{2}{3}\right)^{n-1}$	…

따라서 제거된 선분의 길이 총합은

$$\frac{1}{3}+\frac{1}{3}\left(\frac{2}{3}\right)+\frac{1}{3}\left(\frac{2}{3}\right)^2+\cdots+\frac{1}{3}\left(\frac{2}{3}\right)^{n-1}+\cdots \text{이다.}$$

이것은 첫 항이 $\frac{1}{3}$이고, 공비가 $\frac{2}{3}$인 무한등비급수의 합이므로 그 값은

$$\frac{\frac{1}{3}}{1-\frac{2}{3}}=1\text{이다.}$$

따라서 빠진 선분의 길이가 원래 선분의 길이인 1이 되므로 칸토어 먼지의 길이는 0이 됨을 알 수 있다. 즉 칸토어 먼지는 무수히 많은 점으로 이루어진 무한집합이지만 그 길이는 0이 된다. 그런데 칸토어 먼지는 유리수의 개수보다 많은 점으로 이루어진 집합인데 그 길이가 0이 되는 흥미로운 결과를 얻는다.

(4) 시어핀스키 삼각형

시어핀스키 삼각형은 다음과 같은 과정을 거쳐 만들어진다.

1단계	주어진 정삼각형의 각 선분의 중점을 찍고 이들을 이어 만들어진 4개의 정삼각형에서 가운데 정삼각형을 제거한다.
2단계	남은 3개의 정삼각형에서 1단계의 과정을 반복한다.
3단계	앞의 과정을 무한히 반복한다.

0단계　1단계　2단계　3단계　4단계

예제 4 시어핀스키 삼각형의 면적을 구해보자.

풀이 먼저 처음에 주어진 삼각형의 면적을 s라 하고, 앞의 과정에서 빠진 삼각형들의 면적을 s로 표현하면 쉽게 계산이 된다. 1단계에서 빠진 정삼각형의 면적은 $\frac{1}{4}s$이다. 2단계에서 빠진 정삼각형의 면적은 $3\left(\frac{1}{4}\right)^2 s$이다.
이러한 과정을 표로 나타내면 다음과 같다.

	1단계	2단계	3단계	…	n단계	…
빠진 정삼각형의 개수	1	3	9	…	3^{n-1}	…
빠진 정삼각형의 면적	$\frac{1}{4}s$	$3\left(\frac{1}{4}\right)^2 s=\frac{1}{4}\left(\frac{3}{4}\right)s$	$\frac{1}{4}\left(\frac{3}{4}\right)^2 s$	…	$\frac{1}{4}\left(\frac{3}{4}\right)^{n-1}$	…

따라서 n단계까지 빠진 정삼각형들의 면적들을 모두 합하면 다음과 같다.

$$\frac{1}{4}s+\frac{1}{4}s\left(\frac{3}{4}\right)+\frac{1}{4}s\left(\frac{3}{4}\right)^2+\cdots+\frac{1}{4}s\left(\frac{3}{4}\right)^{n-1}+\cdots$$

이것은 첫 항이 $\frac{1}{4}s$이고, 공비가 $\frac{3}{4}$인 무한등비급수의 합이다. 따라서 빠진 정삼각형들 면적의 총합은 $\dfrac{\frac{1}{4}s}{1-\frac{3}{4}}=s$이다. 즉 빠진 정삼각형의 면적이 처음에 주어진 정삼각형의 면적 s와 같음을 알 수 있다. 그러면 시어핀스키 삼각형은 남은 삼각형들을 말하므로 시어핀스키 삼각형의 면적은 0이라는 흥미로운 결과를 얻는다.

(5) 시어핀스키 사각형(카펫)

시어핀스키 사각형은 시어핀스키 삼각형과 유사하게 다음과 같은 과정을 거쳐 만들어진다.

1단계 주어진 정사각형의 각 선분의 삼등분점을 찍고 이들을 이어 만들어진 9개의 정사각형에서 가운데 정사각형을 제거한다.

2단계 남은 8개의 작은 정사각형에서 1단계의 과정을 반복한다.

3단계 앞의 과정을 무한히 반복한다.

이 과정을 무한히 반복하여 만들어진 것이 시어핀스키 사각형이다.

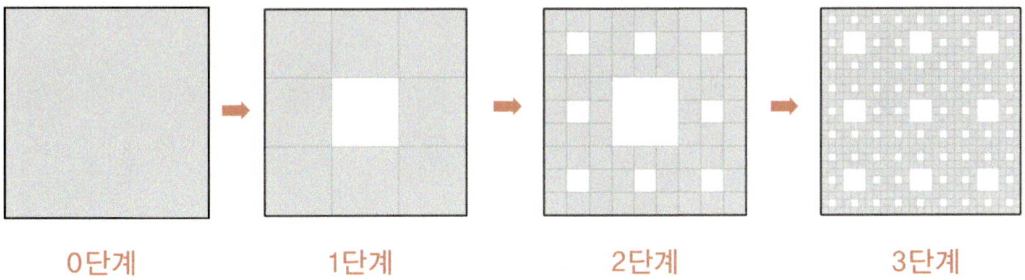

시어핀스키 사각형에서도 시어핀스키 삼각형과 마찬가지로 빠지고 남은 사각형들의 면적을 구해 볼 수 있다.

문제 1 시어핀스키 사각형의 면적을 다음 표를 완성하고 구하시오. 처음에 주어진 정사각형의 면적을 s라 하자.

구분	1단계	2단계	3단계	…	n단계	…
빠진 정사각형의 개수	1	8		…		…
빠진 정사각형의 면적	$\frac{1}{9}s$	$8\left(\frac{1}{9}\right)^2 s = \frac{1}{9}s\left(\frac{8}{9}\right)$		…		…

(6) 시어핀스키 피라미드

다음은 시어핀스키 삼각형을 입체로 바꾸어 생각하면 시어핀스키 피라미드를 상상할 수 있다. 시어핀스키 피라미드는 다음과 같은 과정을 거쳐 만든다.

1단계 큰 정사면체의 각 변(모서리)의 중점을 연결하여 작은 정사면체 4개를 만들고 가운데에 생긴 정팔면체를 제거한다.

2단계 남은 4개의 정사면체에서 같은 방법으로 작은 4개의 정사면체를 만들고 가운데 생긴 정팔면체를 제거한다.

3단계 앞의 과정을 무한히 반복한다.

이 과정을 무한히 시행하여 만든 프랙탈 구조가 시어핀스키 피라미드이다.

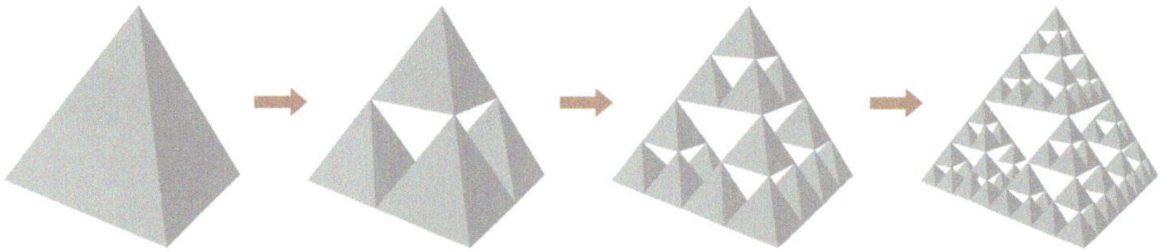

0단계 1단계 2단계 3단계

그런데 실제 우리가 시어핀스키 피라미드를 만들 때, 큰 정사면체를 만드는 것도 어렵고 또 주어진 정사면체를 중점을 이어 만든 정팔면체를 제거하는 일도 현실적으로 어렵다. 그래서 우리가 시어핀스키 피라미드를 만들 때는 다음과 같은 과정으로 만들어 볼 수 있다. 즉 작은 정사면체들을 많이 만들고 이들을 이용해서 피라미드를 만들어나가는 방법이다. 시어핀스키 피라미드 만들기(단계별 모형을 참고하여 붙여 나간다.)

① 같은 모양의 정사면체를 많이 만든다.

② ①에서 만든 정사면체 4개를 유리 테이프로 고정하여 1단계 피라미드를 만든다. 그러면 가운데 정팔면체가 빠진 형태가 됨을 확인할 수 있다.

③ ②에서 만든 1단계 피라미드를 4개 만든다. 이들을 유리 테이프로 연결하여 2단계 피라미드를 만든다.

④ ③에서 만든 2단계 피라미드를 4개 만든다. 이들을 유리 테이프로 연결하여 3단계 피라미드를 만든다.

이러한 과정을 반복해서 만들어 가면 시어핀스키 피라미드의 모습을 만들 수 있다.

| 0단계 |

정사면체

| 1단계 |

정사면체 4개를 붙이기

| 2단계 |

1단계 4개를 만들어 이어 붙이기

| 3단계 |

2단계 4개를 만들어 이어 붙이기

| 4단계 |

3단계 4개를 이어 붙여서 만들기

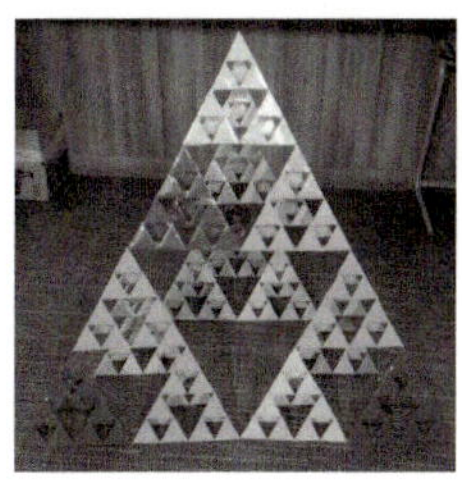

(7) 맹거 스펀지(Menger sponge)

맹거 스펀지는 시어핀스키 사각형을 3차원 모형으로 생각하면 되는데 맹거 스펀지의 정육면체의 6개의 면이 모두 시어핀스키 사각형임을 알 수 있다. 맹거 스펀지도 프랙탈 구조를 가지는 좋은 예이다. 만드는 방법은 다음과 같다.

1단계 | 정육면체의 한 면 정사각형에서 각 변의 3등분하여 9개의 정사각형을 만든다.

2단계 | 6개의 면에서 가운데 정사각형에 대응되는 면의 가운데 정사각형과 이은 직육면체 3개를 제거한다.

3단계 | 2단계에서 남은 정육면체들에서 1단계에서 했던 과정을 반복한다.

이와 같은 과정을 무한히 반복하여 맹거 스펀지를 만들 수 있다.

0단계 1단계 2단계 3단계

앞에 나온 수학적 프랙탈의 예들처럼 아주 단순한 과정을 무한히 반복하여 수학적으로 자기닮음이라는 좋은 구조를 가진 프랙탈을 만들 수 있다.

1975년 만델브로(Mandelbrot)가 프랙탈을 명명하기 전에는 이와 같은 반복 구조, 프랙탈 구조를 갖는 대상이 없었을까? 1920년대에 추상적인 수학의 연구 대상으로 복소평면상의 줄리아 집합이 있었고 이것이 아름다운 프랙탈 구조를 가지고 있었다.

5. 줄리아 집합과 만델브로 집합

(1) 줄리아 집합(Julia set)

1920년대 줄리아는 복소수 집합에 관해 연구하였다. 그것은 복소평면 상에 주어진 복소수 상수 $c=a+bi$에 대해 복소수 $z_1=x+yi$를 정하고, 다음 점화식을 생각하였다.

$$z_2=z_1^2+c, \quad z_3=z_2^2+c, \quad \cdots, \quad z_n=z_{n-1}^2+c, \quad \cdots$$

이와 같은 계산을 반복하자. 이때 이 과정에서 나온 수열 $\{z_n\}$이 무한으로 발산하거나 유계가 된다. 이때 유계가 되는 z_1들의 집합을 A라 할 때, A의 경계(boundary)를 줄리아 집합이라고 한다. 실제로 이 줄리아 집합은 이론적으로 연구되었고 수식으로만 존재하는 추상적인 개념이었다.

1980년대에 컴퓨터 그래픽 소프트웨어의 발전으로 줄리아 집합의 실제 모양을 그려보게 되었고, 줄리아 집합이 소개되었을 때 전 세계 사람들이 놀라고 흥분하였는데 그것은 아름다운 프랙탈의 모습이었기 때문이었다.

- 다양한 줄리아 집합(https://sciencedemos.org.uk/julia.php)

줄리아 집합은 복소수 상수 c값에 따라 다양한 형태로 나타난다.

C=0+0i

C=-1+0i

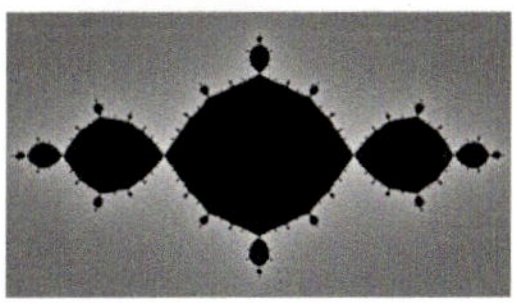

C=0.3+0.5i

C=-0.5+0.5i

줄리아 집합의 특징은 어느 한 부분을 확대하면 원래의 모양과 같다. 즉 확대를 통해 원래의 모습을 보게 된다. 즉 자기닮음(유사성) 성질을 갖는 집합임을 알 수 있다. 만델브로가 줄리아 집합 등 프랙탈을 연구하는 연구 분야를 개척하였고, 아직도 많은 연구가 되고 있는 분야이다.

(2) 만델브로 집합(Mandelbrot set)

줄리아 집합은 $c=a+bi$ 값에 따라 모양이 달라지는데 모양이 연결되어 있는 집합이 되고 속이 찬 집합이 될 때가 있다. 이때의 복소수 $c=a+bi$들의 집합을 만델브로 집합이라고 한다. 실제로 만델브로 집합을 나타내 보면 다음과 같다.

(https://sciencedemos.org.uk/mandelbrot.php)

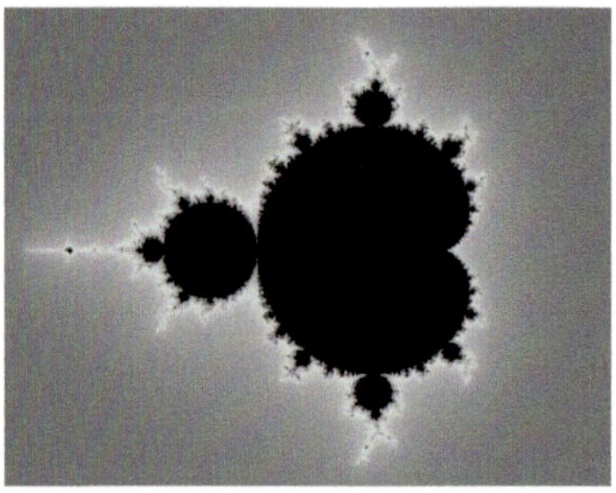

만델브로 집합은 다음과 같이 정의된다.

복소수 $\{z_n\}$의 점화식 $z_{n+1}=z_n^2+c$, (여기서 c는 복소수)에서 $z_0=0$일 때, 위 식을 만족하는 복소수 $\{z_n\}$이 발산하지 않는 복소수 c의 집합을 만델브로 집합이라 한다. 또한 $|c|\leq 2$인 범위에서 수렴한다는 사실이 알려져 있다. 또 수렴하는 c값의 범위와 발산하는 범위를 경계를 기준으로 색을 넣어 표현하면 멋진 프랙탈의 모습을 볼 수 있다.

6. 프랙탈 차원(Hausdorff dimension, 하우스도르프 차원)

우리가 수학 시간에 공부한 수학적인 대상에서 차원을 정할 수 있다. 일반적으로 차원은 점을 표현하려고 할 때 그 점을 표현할 수 있는 좌표의 개수를 말한다. 즉 유클리드 공간에 있는 어떤 물체가 몇 차원인지 알려고 할 때, 기준점(원점)을 잡고 그것을 기준으로 어떤 대상의 위치를 몇 개의 좌표로 나타내냐에 따라 차원을 구분할 수 있다.

① 하나의 좌표로 표현할 수 있을 때 우리는 1차원(1D)이라 한다. 이때 수직선이나 선분들은 기준점(원점)에서 얼마나 떨어져 있는지에 따라 그 위치가 결정되고, 직선이나 선분들은 모두 좌표 하나로 표현을 할 수 있으므로 1차원이다.

② 두 개의 좌표로 표현할 수 있을 때 2차원(2D)이라 한다. 2차원은 두 개의 좌표로 표현할 수 있는 대상들이다. 평면상에 두 개의 좌표가 있고 원점에서 두 개의 좌표로 대상이 표현되는 즉, 평면 위에 있는 길이와 넓이를 가지는 대상을 말한다. 평면, 삼각형, 사각형 등 도형들이 2차원이다.

③ 세 개의 좌표로 표현할 수 있을 때, 3차원(3D)이라 한다. 3차원은 3개의 좌표로 표현되므로 좌표 공간상에 길이, 너비, 높이를 가지는 대상을 말한다. 공간상의 정육면체, 공, 각뿔 등과 같은 도형들이다.

실제로 우리 실생활에서 기차는 3차원에 있지만 1차원적으로 움직인다. 즉, 직선처럼 생긴 기차선로 위로만 움직인다. 또 바다 위의 배는 3차원 대상이지만 실제로 그 움직임은 2차원이다. 배는 평면과 같은 바다 위에서만 움직이기 때문이다.

비행기는 3차원적으로 움직인다. 땅에 있다가 날아올라서 공간을 움직인다. 새와 같은 조류들은 3차원에 사는 3차원적 생활을 하는 존재이다. 사람은 3차원에 살고 있지만 삶은 2차원도 아니고 3차원도 아닌 2와 3 사이의 차원은 아닐까? 그러면 이런 소수점 차원이라는 것도 생길 수 있을까?

이처럼 물리나 수학에서 차원은 1차원, 2차원, 3차원 등으로 자연수 차원만을 정의하고 있는데 프랙탈과 같은 복잡한 구조를 갖는 대상들의 차원에 대해서도 알아보자. 이들의 차원은 앞에서 정의한 차원의 개념을 확장하여 정의된다.

유클리드 공간상의 점은 0차원, 선분은 1차원, 평면도형은 2차원, 공간도형(입체)은 3차원이라 했다. 이러한 차원의 정의를 유지하면서 다음과 같이 차원을 정의하여 보자.

차원의 정의

어떤 도형을 a배 (또는 a등분)로 확대하였을 때 원래 도형과 같은 모양(합동)의 도형이 b개 생기면, 프랙탈 차원은 $\log_a b = \dfrac{\log b}{\log a}$로 정의한다.

여기서 a가 1보다 큰 자연수이면 확대한 것이고 1보다 작은 수이면 축소한 것이라고 생각할 수 있다. 실제로 수학적으로 엄밀하게 프랙탈 차원을 설명하면 이해하기 어려운 부분이 많다. 그래서 실용수학에서는 엄밀한 정의보다는 직관적으로 받아들이기 쉬운 정의로 이해하면 프랙탈 도형들의 차원을 쉽게 계산할 수 있다. 이와 같은 확장된 정의에서 우리는 다음을 알 수 있다.

선분의 차원은 그 길이를 2배로 늘이면 같은 선분은 2개 나오므로 $\log_2 2 = 1$차원이다. 정사각형의 차원은 각 선분을 2배로 늘이면 처음 정사각형이 4개가 생기므로 $\log_2 4 = 2$차원이다. 정육면체의 차원은 정육면체를 각 변의 길이를 2배로 늘이면 같은 정육면체가 8개가 생기므로 $\log_2 8 = 3$차원이다.

그러면 이제 프랙탈 도형들의 차원을 알아보자. 여기서 상용로그 값은 $\log 2 = 0.3010$, $\log 3 = 0.4771$로 계산하자.

(1) 코흐 곡선

주어진 선분을 3등분하였더니 같은 모양의 선분이 4개 나왔으므로, 그 차원은 $\log_3 4 = \dfrac{\log 4}{\log 3} = 2\dfrac{\log 2}{\log 3} = 1.2617899811 \approx 1.262$이다.

(2) 시어핀스키 삼각형

주어진 도형에서 선분을 2배로 늘이면 같은 모양이 3개 생기므로 그 차원은,

$\log_2 3 = \frac{\log 3}{\log 2} = \frac{0.4771}{0.3010} \approx 1.585$ 이다.

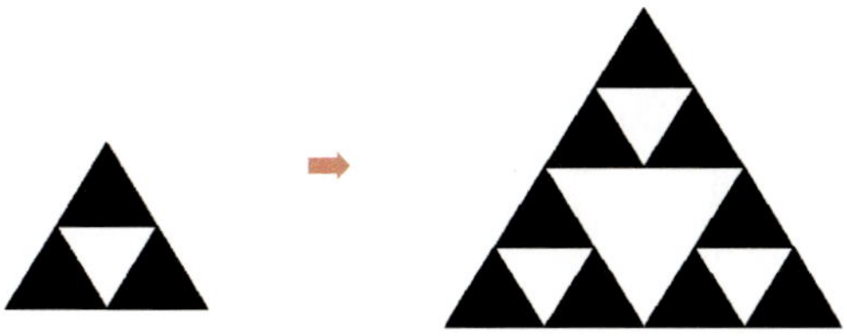

(3) 시어핀스키 피라미드

시어핀스키 피라미드의 차원은 2차원이다. 시어핀스키 피라미드의 경우 각 변을 2등분하여 만들면 같은 모양의 정사면체가 4개 생기므로 그 프랙탈 차원은 $\log_2 4 = \frac{\log 4}{\log 2} = 2$, 즉 2차원이다.

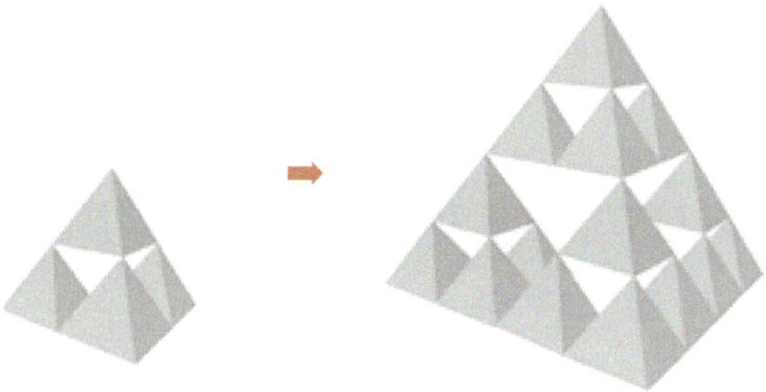

또 다른 방법으로 왼쪽의 작은 도형에서 선분들을 2배로 늘이면 왼쪽과 같은 모양이 4개가 생기므로 2차원이라고 말할 수 있다.

보통의 경우 프랙탈 도형의 차원은 소수점 차원이 되는 경우가 많다. 그러나 이 시어핀스키 피라미드처럼 정수 차원을 가지는 경우도 프랙탈 도형에서는 많이 나타난다.

(4) 맹거 스펀지

각 변을 3등분하게 되면 정육면체가 총 27개가 생긴다. 그러나 거기서 각 변의 가운데 라인의 정육면체들을 모두 제외시키므로 남은 정육면체의 개수를 세어보면 먼저 윗면의 가운데를 아래까지 빼주면 3개가 없어지고 두 개의 옆면에서 빼면 제일 가운데 정육면체는 처음에 빠졌으므로 두 옆면에서 2개씩 빠져서 총 7개가 빠진다. 따라서 정육면체는 $27-7=20$개가 생기므로 그 프랙탈 차원은,

$\log_3 20=\dfrac{\log 20}{\log 3}=\dfrac{1+\log 2}{\log 3}\approx 2.727$차원이다.

문제 2 칸토어 먼지(집합)의 차원은 얼마인가? 여기서 3등분했더니 동형인 것이 몇 개 생기는지 확인하면 된다.

다음은 우리 실생활에서 프랙탈 특성을 가지는 것들은 무엇이 있는지 알아보자. 프랙탈이 갖는 특징은 자기닮음성이다. 이는 부분이 전체와 닮았고, 또 부분 안에서 전체의 모습을 찾을 수 있다. 또 무한히 반복되는 구조적 특징을 갖는다. 우리 생활 속에 이러한 프랙탈 구조를 갖는 것은 어떤 것이 있을까? 대표적으로 브로콜리가 부분이 전체와 닮은 형태가 되고 전체를 축소하면 부분이 되는 프랙탈 구조를 가졌다. 그 외에도 생활 속에 숨어 있는 프랙탈 구조를 가지는 것은 많다. 자연에서 나무의 가지나 뿌리, 성에가 끼는 모습, 구름 모양, 산맥의 모습, 해안선의 모양, 나뭇잎,

상춧잎의 가장자리의 곡선 등이 있고, 인체 내에서는 뇌의 주름(뇌산호), 혈관(정맥, 동맥)의 분포(가지) 등이 있다. 또 사회적인 면에서는 주가(주가 그래프), 환율의 변동 등도 프랙탈의 특성을 가지고 있다고 한다.

참고자료

1. 수학으로의 여행, 고석구, 경문사

2. 수학서핑, 강옥기, 조현공, 허난, 성균관대학교 출판부

3. 위키피디아

PRACTICAL MATHEMATICS

제 10 장

수학자들

이 장에서는 수학의 학문 발전에 공헌한 수학자들 중 우리가 앞에서 공부한 내용과 관련 있는 유명한 몇몇 수학자들을 소개한다.

1. 유클리드(Euclid, BC 300년경)

유클리드(Euclid)는 고대 그리스의 수학자로 원론(The Elements, 기하학 원론)의 저자로 유명하다. 원론은 그 당시 수학자들에 의해 증명되고 알려진 수학적 사실과 정리들을 엮은 책으로 현재까지 성경 다음으로 많이 번역되고 읽힌 책이다. 원론은 평면기하(도형), 기본산술(정수론), 입체기하(도형) 등 세 부분으로 나누어져 저술되었고, 우리가 중학교와 고등학교에서 배운 기하학의 내용이 모두 유클리드 원론의 내용이라는 사실은 잘 알려져 있다. 또 유클리드는 프톨레미우스 왕에게 기하학을 가르쳤는데 왕이 기하학을 공부하는 지름길이 없냐고 물었을 때, 왕에게 "기하학에는 왕도(Royal Road)가 없습니다."라고 답한 일화가 유명하다.

2. 페르마(Pierre de Fermat, 1601~1665)

페르마(Fermat)는 프랑스의 변호사이자 수학자이다. 취미로 수학을 공부했다고 알려져 있으며 17세기 당시 여러 수학자와 서신을 교환하면서 수학을 연구하였다고 한다. 페르마는 미적분학에서 이용되는 여러 방법을 창안하는 등 많은 연구 성과를 남겼고, 현대 정수론의 창시자로 알려져 있다. 또한 파스칼과 서신 교환을 통해 확률론을 탄생시켰다. 좌표기하학을 확립하여 데카르트 좌표를 도입하였다. 그는 "페르마의 마지막 정리"로 알려진 다음 정리를 증명했다고 했으나 여백이 부족하여 증명은 생략한다고 적어두었지만 실제로 증명했는지 확인은 불가능하다.

페르마 마지막 정리

$n \geq 3$인 자연수에 대해

$x^n + y^n = z^n$을 만족하는 0아닌 양의 정수해 x, y, z는 존재하지 않는다.

페르마의 마지막 정리는 357년 동안 미해결 문제로 남았으나 1994년 영국 수학자 와일즈에 의해서 증명되었다.

3. 오일러(Euler, 1707~1783)

오일러(Euler)는 스위스에서 태어났으며 러시아와 독일 등에서 수학자로 활동하였다. 오일러는 수학뿐만 아니라 물리학, 천문학, 논리학, 공학 등 다양한 분야에서 업적을 남겼다. 특히, 미적분학, 그래프 이론, 위상수학, 해석적 수론, 삼각함수 등 수학의 여러 분야에 많은 업적을 남겼고 천재 수학자로 수학 공부에 몰두한 나머지 눈의 치료를 미루다 눈의 시력을 잃었다. 눈의 시력을 잃은 후에도 연구를 계속하여 이전보다 더 많은 연구결과를 냈고 이때 계산은 암산으로 했다고 알려져 있다. 오일러는 현재 우리가 사용하는 많은 수학 기호들을 도입하고 대중화하였다. 자연로그의 밑(무리수) e, 허수 $i = \sqrt{-1}$, 함수 $f(x)$, 합의 기호 $\sum$, 삼각함수의 정의를 도입하고 사용했고, 원주율 π의 사용을 대중화하였다. 특히 오일러 공식 $e^{\pi i} + 1 = 0$ 은 수학에서 사용하는 가장 기본적이고 중요한 수들로 그 식이 표현되어 세상에서 가장 아름다운 공식(방정식)으로 뽑혔다.

4. 가우스(Carolus Fridericus Gauss, 1777~1855)

가우스(Gauss)는 독일의 수학자로 "수학의 왕자"라고 불린다. 특히 정수론의 많은 이론을 확립하였는데 합동식 $\equiv$의 개념을 도입하였다. 또 정17각형을 자와 컴퍼스로 작도 가능함을 증명하였고 1보다 큰 모든 자연수는 소인수들의 순서를 무시하면 유일한 방법으로 소인수 분해된다는 정리를 증명하였다. 가우스는 대수학, 정수론, 해석학, 기하학, 통계학 등 여러 수학 분야뿐만 아니라, 물리학, 천문학에도 많은 공헌을 하였다.또한 가우스가 어렸을 때, 선생님이 "1에서 100까지의 숫자들을 모두 더하면 얼마일까?"라는 문제를 냈는데, 제일 먼저 답을 써서 제출했고, 이때 $S=1+2+3+\cdots+99+100$ 그리고 $S=100+99+98+\cdots+2+1$로 두 가지로 표현하고 두 식의 합을 위 아래 항끼리 더하여, $2S=101+101+\cdots+101+101$로 101이 100개임을 이용하여 등차수열의 합으로 계산한 일화가 있다. "수학은 과학의 여왕이고, 정수론은 수학의 여왕이다."와 "나는 말하는 것보다 계산하는 것을 더 먼저 배웠다." 등의 명언으로도 유명하다.

5. 앨런 튜링(Alan Turing, 1912~1954)

앨런 튜링(Alan Turing)은 영국의 수학자, 암호학자, 논리학자, 컴퓨터 과학자이다. 특히 컴퓨터 과학의 선구자로 알고리즘과 계산 개념을 튜링 기계라는 추상 모델을 통해 형식화함으로써 컴퓨터 과학의 발전에 지대한 공헌을 했다. 1945년에 그가 고안한 튜링 머신은 초보적 형태의 컴퓨터로, 복잡한 계산과 논리 문제를 처리할 수 있었다. 특히 2차 세계대전 중 영국은 블레츨리 파크에 독일군의 암호 에니그마를 해독하는 부서를 만들고 앨런 튜링은 암호를 해독하는 데 성공하여 수많은 목숨을 구하고 2차 세계대전을 2년 이상 단축시켰다고 한다. 또한 프로그래밍이 가능한, 현대적 개념의 디지털 컴퓨터의 초기형태인 콜로서스를 개발하였다. 1966년 미국 계산기협회(ACM)에서 앨런 튜링의 공적을 기리며, 매년 컴퓨터 과학(전산학) 분야에 탁월한 업적을 남긴 사람에게 컴퓨터 과학 분야의 노벨상이라고 하는 튜링 상을 제정하여 시상하고 있다. 튜링은 1952년 동성애 혐의로 유죄 판결을 받았고, 2년 뒤인 1954년에 사이안화칼륨(청산가리)에 중독되어 사망했다. 사망 원인은 자살이라고 알려져 있으나 명확한 근거는 없다. 사후 59년만인 2013년 12월 24일에 엘리자베스 2세 여왕이 튜링의 동성애 죄를 사면하면서 무죄 판결을 받았다.

참 고 자 료

1. 위키피디아

PRACTICAL MATHEMATICS

부록

문제 정답

제 1 장 금융생활과 수학

문제 1 (1) 260% (2) 240%

문제 2 (1) 350만 원 (2) 200만 원

문제 3 120만 원

문제 4 (1) 4년 (2) 9년 (3) 14.4%

문제 5 (1) 198만 원 (2) 231만 원

문제 6 318만 원

문제 7 120만 원

문제 8 1,200만 원

제 2 장 체크비트

문제 1 각자 확인

문제 2 (1) 3 (2) 5

문제 3 5

문제 4 1

제 4 장 부호 이야기

문제 1 (1) 01010011 (2) 4

문제 2 $\{111000,\ 000111,\ 111111,\ 000000\}$

$n=6,\quad k=2,\quad d=3,$

수정할 수 있는 오류의 개수 = 1개

문제 3 3개

제 5 장 암호 이야기

문제 1 the wonderful world of mathematics

문제 2 26가지

문제 3 mathematics

문제 4 312

문제 5 Next week watch a movie

문제 6 2

문제 7 (1) 5 (2) 12

제 6 장 생활 속의 확률

문제 1 6가지

문제 2 (1) 10가지 (2) 20가지

문제 3 $\frac{3}{10}$

제 7 장 생활 속의 그래프

문제 1

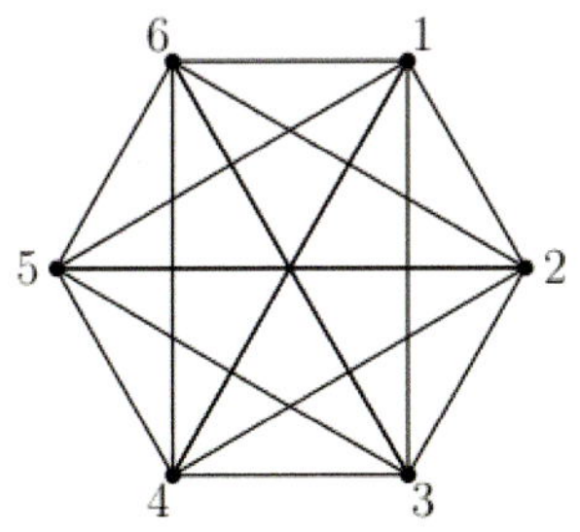

문제 2 ②

문제 3 (1) 4개 (2) 10개

(3) 각 꼭짓점에 이은 선분의 총합은 그래프에 나타난 선분의 개수의 2배이다.

(4) 모두 한 번씩 악수하므로 각 꼭짓점에서 이어진 선분의 개수는 다른 꼭짓점의 개수와 같다.

문제 4 (1) 꼭짓점 A, C, E의 차수는 3, 꼭짓점 B, D, F의 차수는 5, 꼭짓점 G의 그래프에 나타난 차수는 6이다.

(2) 꼭짓점의 차수의 총합은 30이고 선분의 개수는 15개이다.

문제 5 주어진 꼭지점의 차수의 합이 11로 홀수이므로 그릴 수 없다.

문제 6

팀의 수	2	3	4	5	6
총 시합의 개수	1	3	6	10	15

문제 7 항상 교차하는 선이 생기므로 불가능하다.

문제 8 (1) ① (2) ①, ② (오일러 회로는 오일러 경로도 된다.)

(3) ②번에서 홀수 차수를 가지는 두 꼭지점 사이에 선분을 하나 추가하면 된다.

(4) (3)번의 경우와 같이 가능하다.

문제 9 (1) 없다.

(2) 1개 (홀수 차수인 꼭짓점 두 개 사이에 선분 하나만 추가)

(3) 2개

문제 10 (1) 해밀턴 경로 (2) 해밀턴 경로

(3) 해밀턴 회로

문제 11 (1) 해밀턴 회로 (2) 해밀턴 회로도 경로도 아님

(3) 해밀턴 경로

문제 12 4색

문제 13 (1) 4색 (2) 3색

제8장 달력 속의 수학

문제 1 (1) 24번 (2) 97번 (3) 수요일

문제 2 수요일

문제 3 각자 체크

문제 4 목요일

문제 5 각자 체크

문제 6 23년 6월 8일 목요일

제9장 프랙탈

문제 1

구분	1단계	2단계	3단계	…	n단계	…
빠진 정사각형의 개수	1	8	8^2	…	8^{n-1}	…
빠진 정사각형의 면적	$\frac{1}{9}s$	$8\left(\frac{1}{9}\right)^2 s=\frac{1}{9}s\left(\frac{8}{9}\right)$	$\frac{1}{9}s\left(\frac{8}{9}\right)^2$	…	$\frac{1}{9}s\left(\frac{8}{9}\right)^{n-1}$	…

시어핀스키 사각형의 면적은 0이다.

문제 2 $\log_3 2=\frac{\log 2}{\log 3}=\frac{0.3010}{0.4771}=0.6308\ (<1)$

Memo